北海道新聞が伝える

核のごみ 考えるヒント

北海道新聞編集委員
関口裕士著
北海道新聞社編

北海道新聞社

目次

はじめに

高さ130センチ。子どもの背丈ほどの円柱形の物体は重さが500キロあるという。もちろん持ち上げることはできない。触ることもできない。近づくことさえできない。

それは「核のごみ」と呼ばれる原発の高レベル放射性廃棄物。極めて強い放射線を出し、極めて長い時間の隔離を必要とする厄介なごみだ。なぜ、こんなものを生みだしてしまったのだろうか。私たちはこのごみを安全に隔離できるだろうか。どこで処分するのだろうか。

日本の原子力政策は矛盾や取り繕いが多く、難しい課題を先送りし続けてきたように見える。そのツケが130センチの円柱1本1本に凝縮されているように思う。

2020年8月、北海道の寿都町で、続く9月、その近くの神恵内村で、核のごみの処分候補地になる動きが表面化した。「寿の都」と「神の恵みの内」。何だか縁起の良い響きがする地名の町と村で、処分地を選ぶ第1段階に当たる文献調査が全国で初めて始まった。私たち北海道民はこの問題に否応なしに向き合わざるを得なくなった。

北海道新聞は、両町村の検討の動きをスクープして以来、地元の岩内支局や小樽報道部、政府の動きを間近に取材する東京報道センター、そして全体の取材を統括する札幌の報道センターと、編集局を挙げてこの問題を継続的に報道してきた。今後も報道する。

一方、北海道では1980年代から、北部の幌延町で、

※本文中の☞の語句は巻末に用語解説があります。

核のごみを受け入れる動きとそれを止める動きのせめぎ合いがあった。北海道電力泊原発という核のごみの発生源がある以上、北の大地は核のごみと無縁ではいられないという現実もある。

「考えるヒント」と題した今回の本は、北海道新聞出版センターの仮屋志郎氏の「これまでの記事を多くの人に読んでもらえるよう1冊にまとめましょう」という提案からできた。現在進行形で報道の続く寿都、神恵内の動きを踏まえつつ、一歩後ろから視野を広げてこの問題を俯瞰するインタビュー記事や、現在につながる過去の歴史をひもとく記事を中心に仮屋氏が選んで再構成し、一部加筆した。

収録した記事の多くを著者が執筆しているため代表して名前を記したが、原稿をチェックする上司や同僚をはじめ、グラフやイラスト、写真など北海道新聞の多くの仲間との共同作業でできた本だ。何より、記事を読み、「もっと知りたい」「もっときっちり伝えてほしい」と応援や叱咤激励をくださった読者の皆さんとの共同作業でもある。新聞という媒体の性質上、それぞれの記事に重複があることはご容赦いただきたい。繰り返しでてくる言葉や表現は、それらが核のごみの問題を理解するうえでのキーワードなのだと前向きに付き合っていただければありがたい。

多くの専門家が「核のごみの問題は難しい」と口をそろえる。科学技術だけでは解決できない。私たちはどう向き合えばいいのか。手探りで考えていくしかない。この本がそのための、ちょっとした手がかりになればいい。

北海道新聞編集委員　関口裕士

考える
ヒント
1

動きだした処分地探し
「究極の迷惑施設」海外でも難航

新型コロナウイルスのニュースが世界を駆け巡った2020年、もう一つ道内を大きく揺らしたのが「核のごみ」の問題だった。全国で1カ所の処分場をどこに造るか。その候補地に応募する動きが20年8月、後志管内の寿都町で表面化し、9月には同管内神恵内村でも明らかになった。その後、あれよあれよという間に話は進み、11月にはこの2町村で、候補地を絞り込む第1段階に当たる文献調査が全国で初めて始まった。

1500シーベルトと10万年

核のごみの処分に関する法律「特定放射性廃棄物処分法」ができて20年。候補地も見つからず、完全に足踏みしていた処分地の選定作業が2020年、ついに動きだした。

核のごみ（高レベル放射性廃棄物）は、寿都と神恵内、両町村に近い北海道電力泊原発（後志管内泊村）をはじめ、全国の原発で使い終えた核燃料の「残りかす」。高さ1・3メートル、子どもの背丈ほどの円柱形の「ガラス固化体」の形にして、鋼鉄製の容器や特殊な粘土にくるみ、地下300メートルより深くに埋める計画だ。

国内で原発が動き始めて半世紀余り。資源エネルギー庁の統計によるとこの間、7兆8千億キロワット時以上の電気が原発でつくられている。11年の東京電力福島第1原発事故前は、最

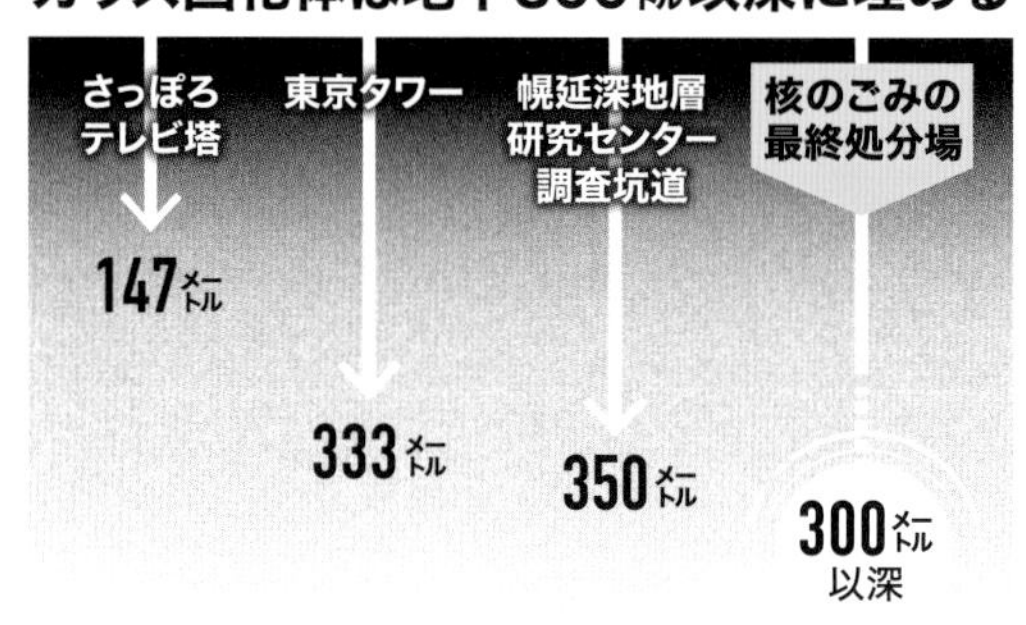

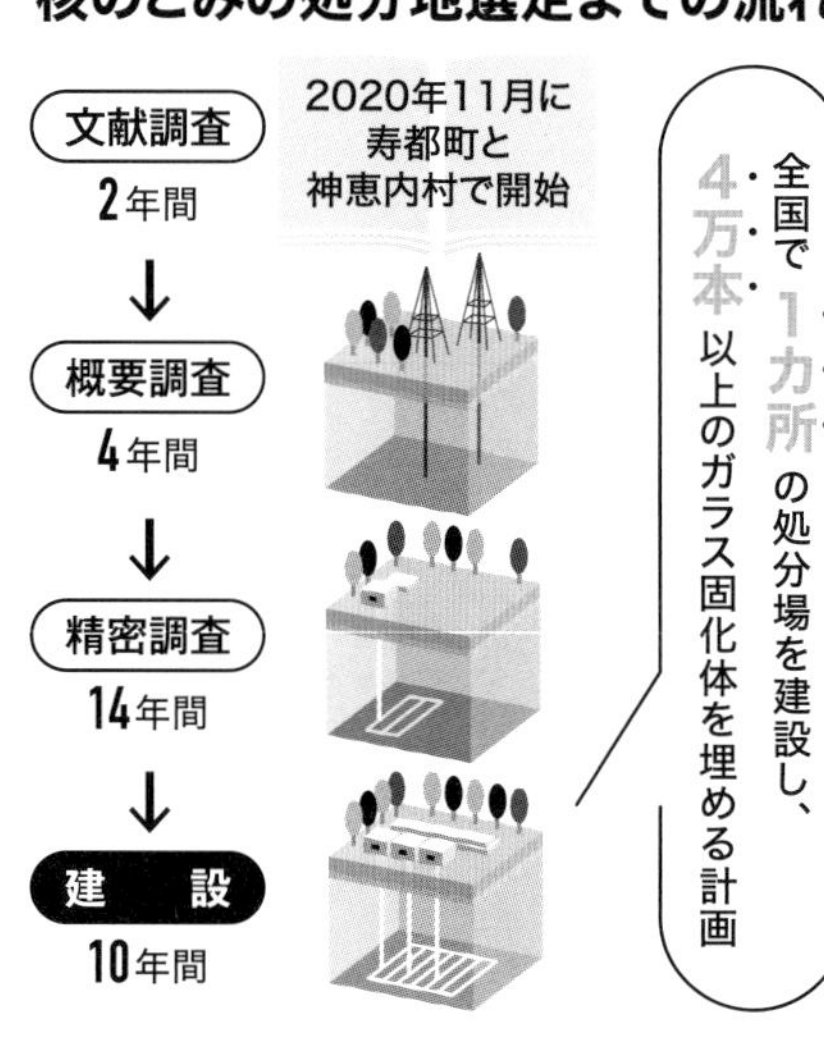

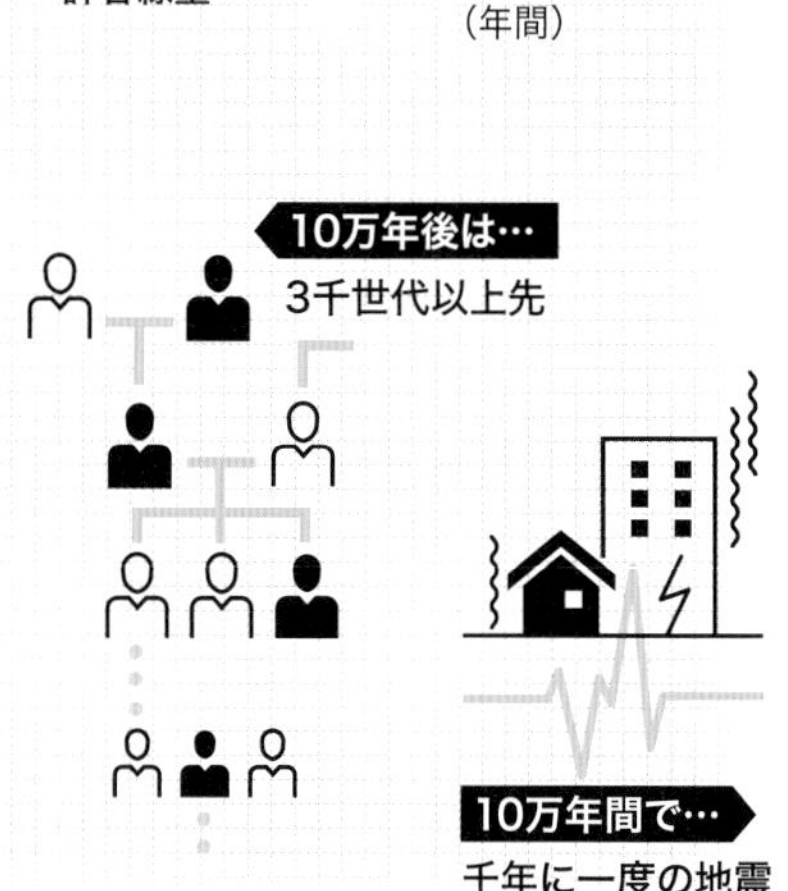

盛期に56基の原発が稼働し、国内で使う電気の3割以上を発電していたこともある。その結果生じたごみは、ガラス固化体の形で貯蔵しているものが20年末時点で2492本。既にある使用済み燃料を加えると約2万6千本分になる。再稼働が進めば、これが4万本分まで増えると国は見込んでいる。

核のごみの危険性を物語る数字が「1500シーベルト」と「10万年」だ。

ガラス固化体の製造直後の表面の放射線量は1時間当たり約1500シーベルト。一般の人が自然の放射線以外に受ける限度（年間1ミリシーベルト）の150万倍だ。ガラス固化体が出す20秒分の放射線で人の致死量（累計7～8シーベルト）に達する。

放射能が、人が近づいても安全とされるレベルに下がるまで10万年かかる。自分、子、孫の3世代を100年とすると3千世代先だ。「千年に一度の大地震」と言われる東日本大震災も、10万年の間には100回起きる計算になる。過去にさかのぼれば、言葉も通じないネアンデルタール人の時代だ。

6年間で最大90億円

極めて放射能が強く、影響が長く続く核のごみの処分場は、究極の迷惑施設と言える。世界でも、処分場の建設が進んでいるのは原発が4基のフィンランドだけ。多くの国で処分地探しは難航している。

日本では、いわば迷惑料を地元にふんだんに払うことで、受け入れてくれる自治体を探している。文献調査は、文字通り過去の文献や地質データなどを机上で確認するだけの調査だが、それでも2年間で最大20億円が地元自治体に交付される。この間、処分地探しと処分場建設を担う原子力発電環境整備機構（NUMO）が、「対話の場」

核のごみの発生量（NUMOの資料などを基に作成）

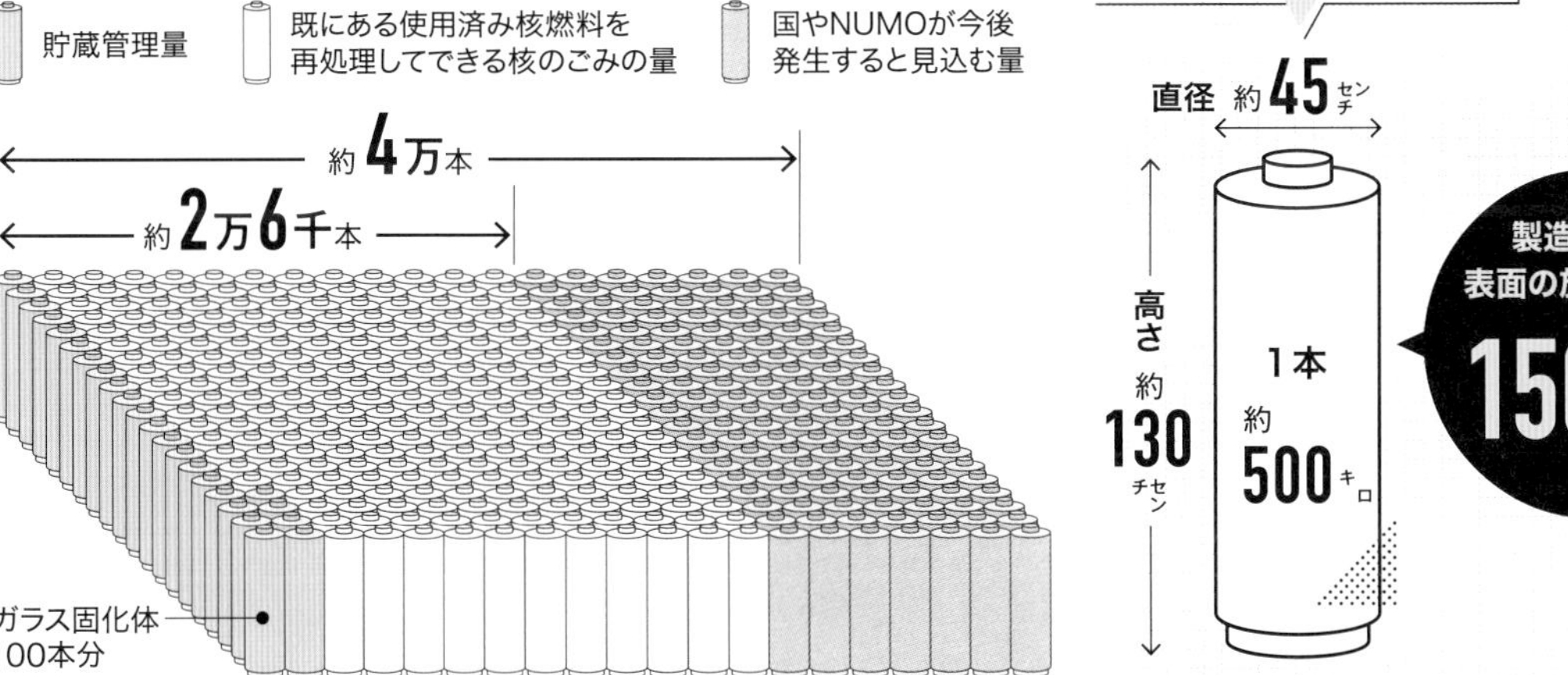

全国の原発の発電量（資源エネルギー庁の統計より）

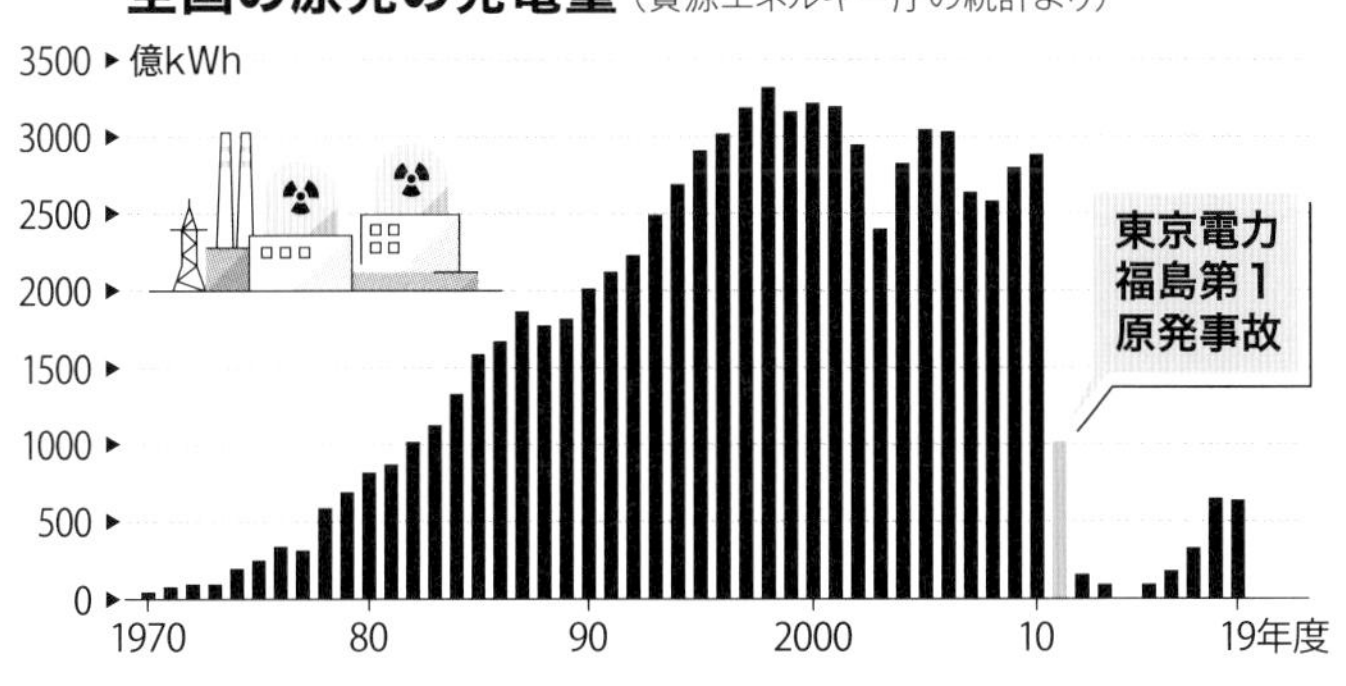

ガラス固化体の模型

核のごみの文献調査が行われている神恵内村に隣接する泊村の北電泊原発

日本原燃の使用済み燃料受入貯蔵施設（青森県六ケ所村＝2018年2月）

と称して地元住民の「理解」を求める活動も行う。現地で穴を掘るボーリングを行って地質を調べる第2段階の概要調査は4年間で同70億円、宗谷管内幌延町にあるような地下研究施設を造って行う第3段階の精密調査の交付金額は決まっていないが、さらに増額されるとみられる。

　北海道は2000年、都道府県で唯一、核のごみを「受け入れ難い」と宣言する条例☞を作っている。そんな道内の2町村で始まった処分地選定☞の調査。国は「地元が反対すれば選定プロセスから外れる」と説明するが、白紙撤回するとは決して言わない。地元が受け入れるまで待つ、説得するということかもしれない。

　今後は、道内外の他の自治体が新たな候補地に名乗りを上げるかが注目される。処分地を選ぶ調査は始まったばかりだ。最終段階まで進む場合も調査の終了は20年後。道民として関心を持ち続ける必要がある。

核燃料サイクルも課題

　核のごみを考えるうえで重要な言葉が「核燃料サイクル」だ。原発で使い終えた核燃料からまだ使えるウランやプルトニウムなどを取り出す再処理を行い、燃料をリサイクル(再利用)すること。5%ほど残る、どうしても再利用できない廃液が、ガラスと混ぜ固めて核のごみになる。

　核燃料サイクルは、再処理工場と高速増殖炉を車の両輪として回す計画だ。プルトニウムを燃料に使う高速増殖炉は理論上、使った以上の燃料を生みだすことができるとされ、「夢の原子炉」と呼ばれた。石油や石炭、天然ガスなど自前のエネルギー資源に乏しい日本は、国策として核燃料サイクルの実現を目指してきた。

　しかし、このサイクルが実際に回るかどうかは不透明だ。青森県六ケ所村で建設中の再処理工場は、完成が25回延期されてまだ動いていない。再利用先の最有力候補だった高速増殖炉は、福井県に建てた原型炉もんじゅの廃炉が16年に決まり、実用化が見通せない。

　新たな再利用先として通常の原子炉でプルトニウムを使うプルサーマル発電も20年末、電力業界が計画を下方修正したうえで実現の時期も先送りした。

　核燃料サイクルは事実上破綻している。

　処分場の建設が進むフィンランドなどは、使い終えた核燃料をそのまま核のごみとして直接処分する。日本でも、福島第1原発の原子炉内で溶け落ちた核燃料は再処理のしようがなく、そのままどこかで処分せざるを得ない。

　核のごみの行方とともに、核燃料サイクルを今後どうするかも大きな課題だ。

【2021年1月11日掲載】

考えるヒント 2

進まない再稼働
停止中もリスクとコスト

２０１１年３月11日の東京電力福島第１原発事故から10年が経過した。日本国内の原発を巡る状況は、あの事故で大きく変わった。道内では12年５月５日に北海道電力泊原発３号機が停止して以降、原発は１基も動いていない。北海道は９年以上、「原発ゼロ」が続いている。

10年で9基

全国でも13年から15年にかけて2年近く、原発ゼロの時期があった。しかし13年に原子力規制委員会がつくった新しい規制基準のもとで、これまでに9基の原発が動いた。福島事故から4年5カ月後の15年8月11日に再稼働した九州電力川内原発（鹿児島県）1号機に始まり、同2号機、九電玄海原発（佐賀県）3、4号機、四国電力伊方原発（愛媛県）3号機、関西電力の大飯原発（福井県）3、4号機と高浜原発（同）3、4号機の計9基だ。

再稼働したのはいずれも西日本に多い加圧水型という原発で、事故を起こした福島第1の沸騰水型とは異なる。ただ、沸騰水型でも、東日本大震災で被災した日本原子力発電東海第2原発（茨城県）と東北電力女川原発（宮城県）、それに事故の当事者である東電の柏崎刈羽原発（新潟県）が規制委の審査には合格している。

泊原発は加圧水型だが、申請から8年近くたっても規制委の審査に通らず再稼働の見通しが立たない。函館市の対岸で建設中の電源開発大間原発（青森県）は福島の事故後、工事の再開が見通せない。3・11から10年で再稼働した原発が9基だけというのは、電力会社にとっては想定外に「動いていない」「止まったまま」の状況と言えそうだ。

では、原発は止まっていれば安全なのか。実はそう言えないのが原発の厄介な点だ。

原発の長期停止中は、核燃料が原子炉から取り出され、燃料プールで冷却される。地震や津波によるプールの損傷や停電などが起きれば冷却できなくなり、核燃料が溶け出す恐れがある。実際、福島第1原発事故では、当時停止中だった4号機の燃料プールが最も危険視され

泊原発３号機の使用済み核燃料プール＝2014年３月

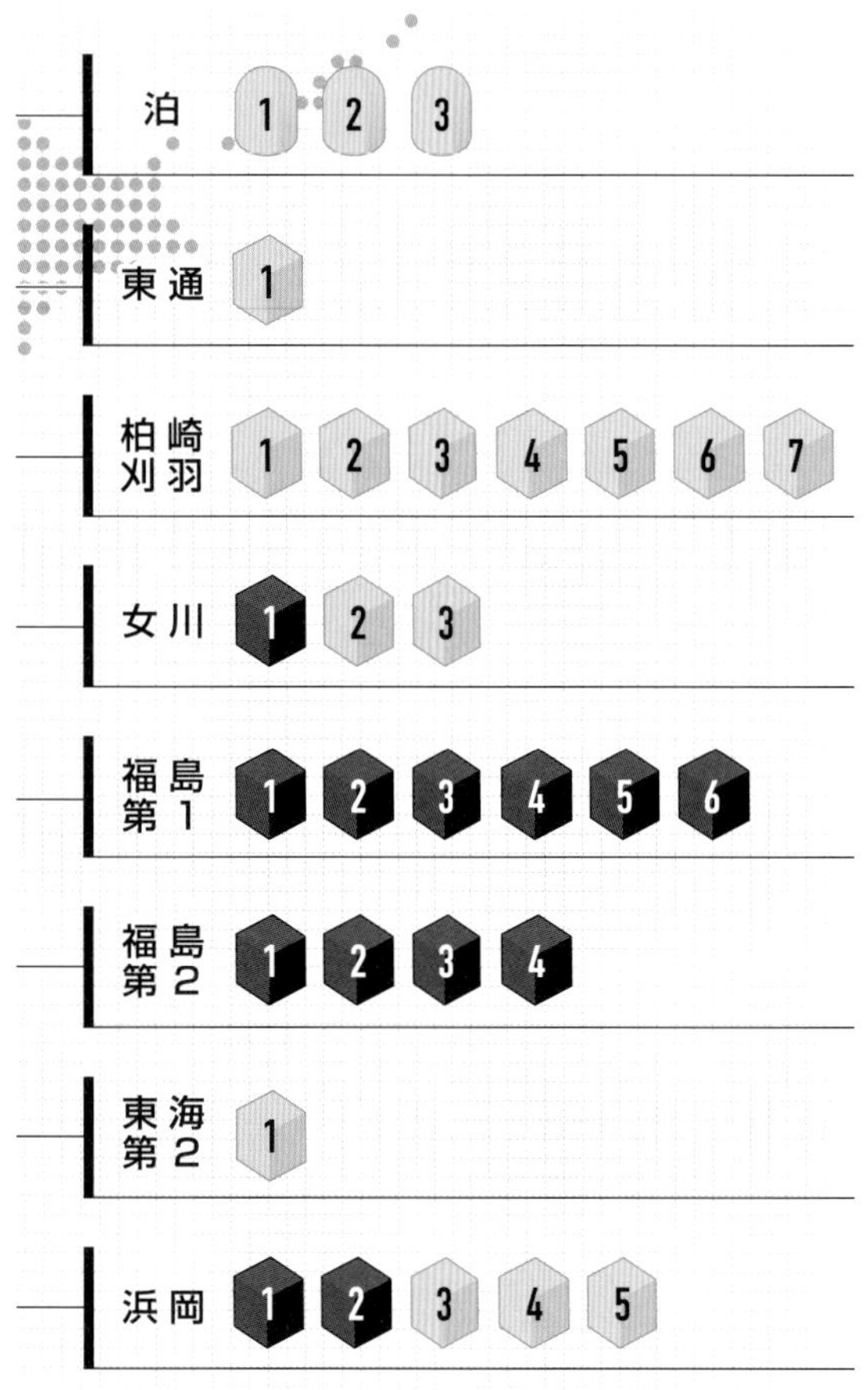

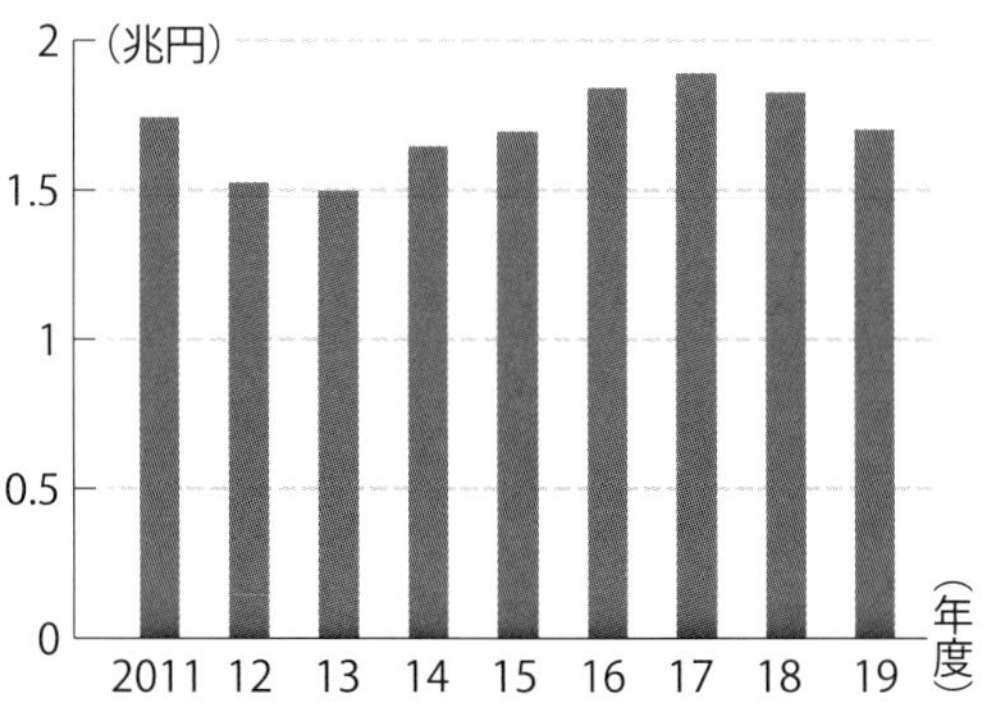

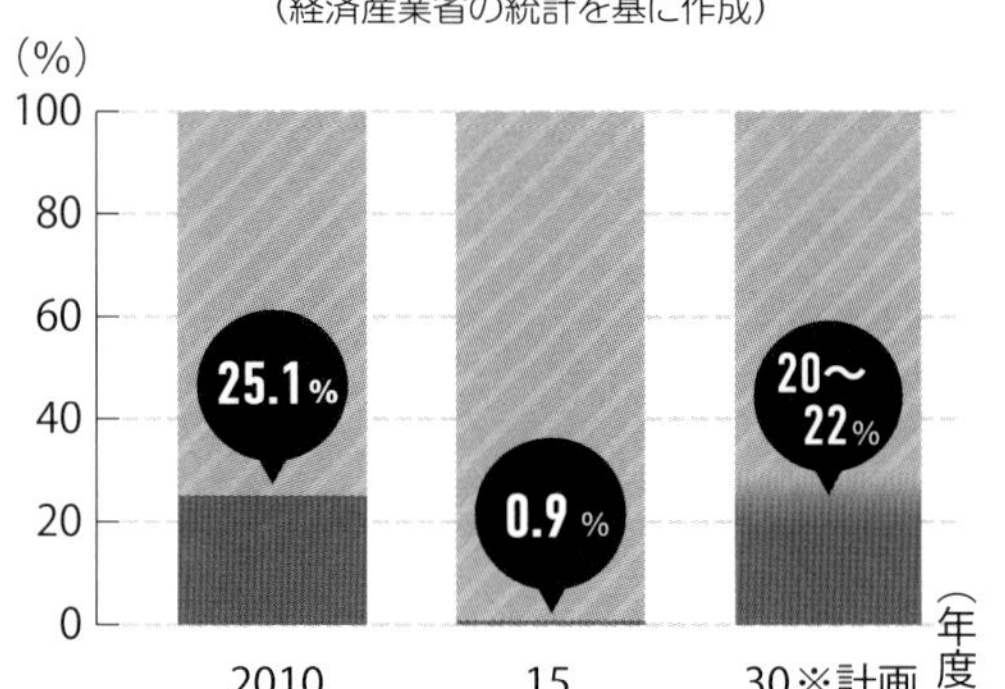

た。鋼鉄製の容器で覆われた原子炉と違い、水がなくなり核燃料が露出すれば、すぐに放射性物質の大量放出につながるからだ。当時、国の原子力委員会は、4号機の核燃料が溶け出した場合、首都圏を含む福島第1原発の半径250キロ圏内が避難対象になるとした。原発は、止まっているからといって安全とは言えないのだ。

止まったままでも10兆円

止まっていても巨額のお金がかかるという点も原発の特徴だ。

脱原発を目指す東京のNPO法人原子力資料情報室は20年夏、「何も生み出さなかった10兆円」と題した報告書を出した。原発を持つ9電力会社と日本原子力発電の会計資料から原発にかかった費用を算出すると、福島事故前と比べてあまり減らず、11年〜19年度に10社の総額で15兆円以上かかっていた。このうち、原発の動いていない年度分の額を足し合わせると10兆円以上になったのだ。新規制基準に合わせた原発の安全対策にも10社で約5兆円が投じられている。北電も、泊原発の防潮堤の建設などで2千億円以上かけている。これらの費用は私たちが払う電気料金から賄われている。

では原発は今後どうなるのか。

旧民主党政権時代の12年には「30年代に原発ゼロを目指す」との目標が示された。その後、自民党政権に戻り、この目標は撤回されたが、「可能な限り原発依存度を低減する」とは説明している。

今、国内にある原発で最後に完成したのは、09年12月に営業運転を始めた北電泊原発3号機だ。今後新たな原発が完成せず、規制委の定めた、原則40年間を上限とする運転期間を守れば、

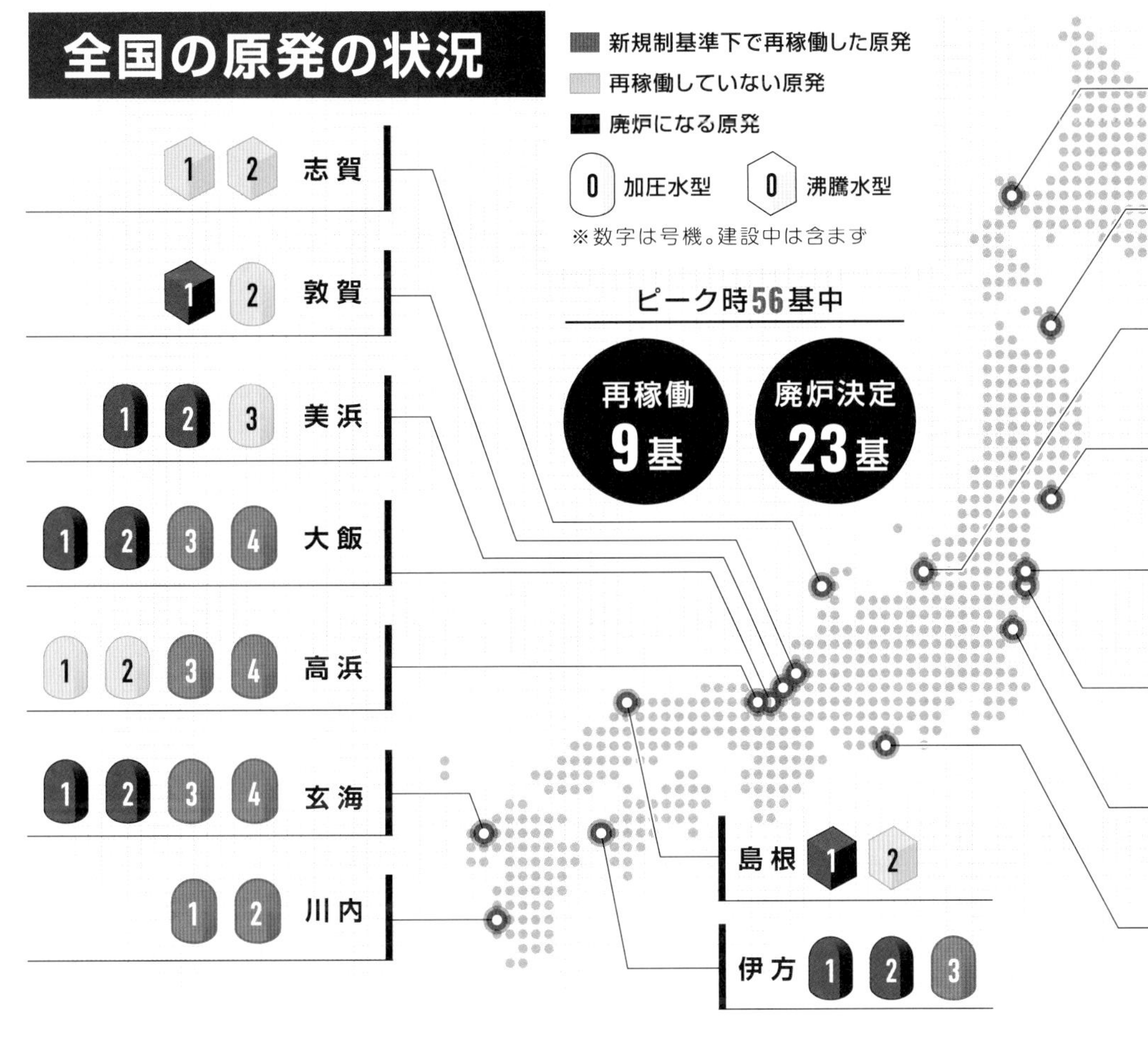

2050年の時点で原発ゼロが自然と訪れることになる。ただ20年4月には、福井県知事が、運転開始から40年を超える県内の原発の再稼働に同意すると表明した。「原則40年」は骨抜きにされつつある。

泊の今後 北電判断に注目

18年に政府が決めたエネルギー基本計画は、30年度の国内の発電量全体に占める原発の割合を20～22％にする目標を掲げている。風力や太陽光など再生可能エネルギーの割合（22～24％）以下にはしたものの、「可能な限り原発依存度を低減する」という政府の説明からは遠い目標だ。

ただ、原発比率20～22％は「絵に描いた餅」との見方が広がっている。

11年の福島第1原発事故当時、国内の原発は54基だった（地図にある中部電力浜岡原発1、2号機は09年に廃炉決定）。事故後、福島第1原発の6基と福島第2原発の4基を含む21基の廃炉が決まった。

残る33基のうち、再稼働した原発が9基、原子力規制委員会の審査に合格し再稼働の準備を進めている原発が7基。20～22％を実現するには30基前後の稼働が必要とされるが、まだ17基が審査に通っていないうえ、通っても、地元自治体の反対などで再稼働が見通せない原発もある。再生可能エネルギーの拡大も見込まれることから今後、原発比率は下方修正されるとみられる。

規制委の審査が長引いている北電泊原発については、最新鋭の3号機が仮に再稼働するとしても、1、2号機は廃炉にすべきだと指摘する専門家が少なくない。今後、北電がどんな判断を下すかが注目される。

【2021年2月8日掲載】

考えるヒント
3

福島第1の廃炉 完了まで30～40年、延々と続く後始末

2011年の東日本大震災と東京電力福島第1原発事故から10年たった今も、福島第1原発では廃炉に向けた作業が続いている。廃炉の完了には、東電や政府の説明でも事故から30～40年かかるとされる。

目標何度も先送り

まず事故当時の状況を振り返ってみる。全6基の福島第1原発で当時運転していたのは1～3号機。4～6号機は定期検査で停止していた。1～3号機は地震と津波で電源を失い原子炉が空だき状態となり、発生した大量の水素がたまった1、3号機の原子炉建屋が爆発。4号機も配管を通じて流入した水素で爆発した。2号機は爆発せずに建屋は残ったものの、鋼鉄製の原子炉容器の破損は最も深刻で、大気中に放出された放射性物質は2号機が最も多くなった。

11年末に当時の民主党政権が「事故収束」を宣言し、14年末に4号機の使用済み核燃料プールからの燃料搬出を完了した。21年2月には3号機のプールから燃料を取り出す作業を終えた。東電と政府が作る廃炉の工程表によると、1～6号機のプールに残る全ての燃料を31年までに取り出す方針だ。ただ、工程表はこれまで繰り返し改定され、そのたびに目標達成の時期が逃げ水のように先送りされてきた。

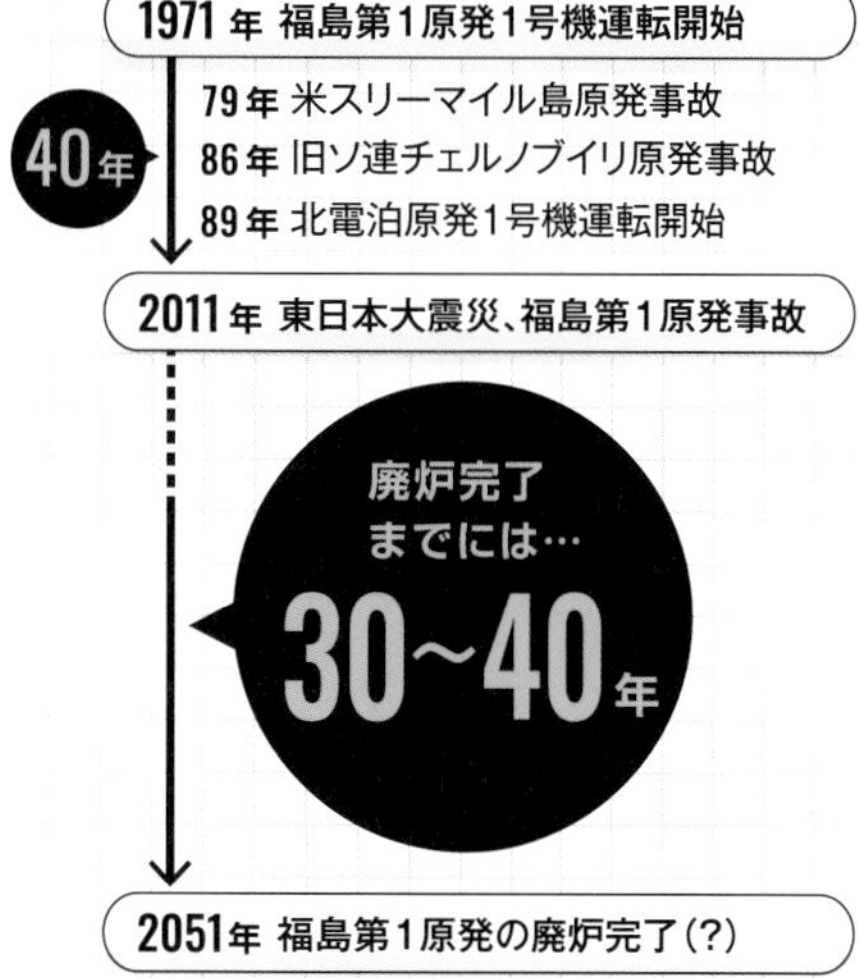

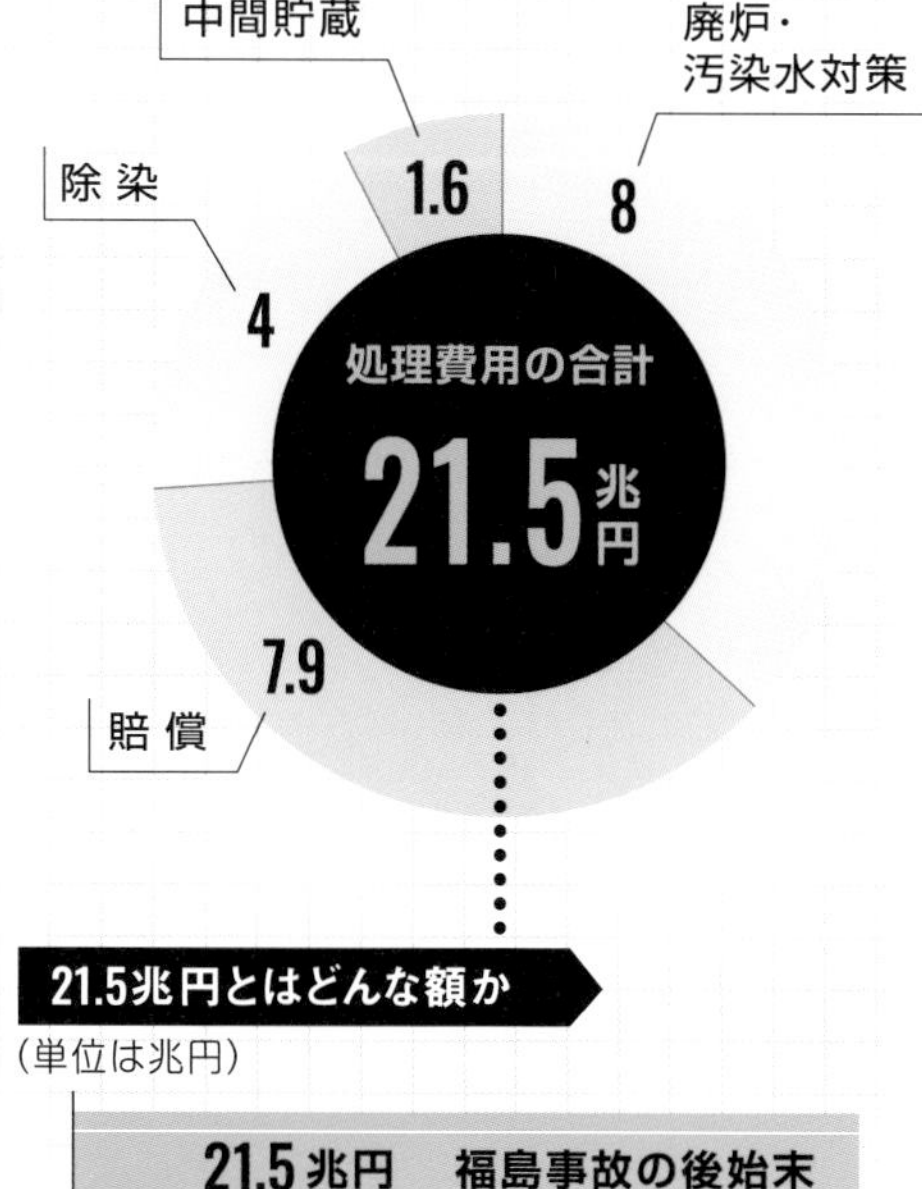

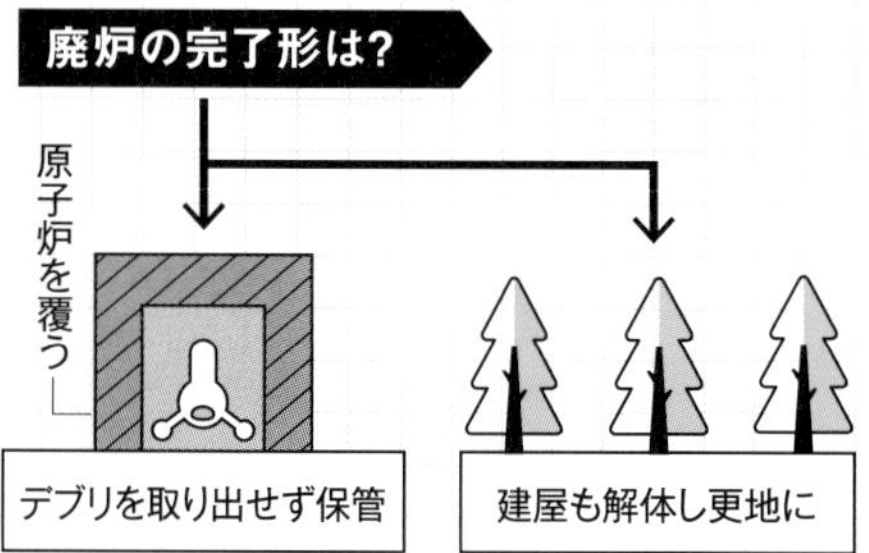

21.5兆円とはどんな額か
(単位は兆円)

21.5兆円	福島事故の後始末
9.3	リニア新幹線 東京ー大阪間の工事費
1.7	北海道新幹線 新函館北斗ー札幌間の工事費

プールの燃料を取り出しても、その後に格段に難しい作業が控えている。事故当時原子炉内にあって溶け落ちた燃料（デブリ）の取り出しだ。どこに、どんな状態であるのかも分かっていない。放射線量が高くて人が近づけず、ロボットを遠隔操作する文字通り手探りの作業になる。デブリの取り出しこそが廃炉の「本丸」、最難関の作業になる。

工程表では、21年から2号機でデブリの取り出しを始める予定だったが、20年末になって1年程度延期された。取り出したデブリをどこでどう処分するかも決まっていない。

「百年たっても不可能」

廃炉作業中の福島第1原発で目を引くのが、敷地を埋め尽くすように立ち並ぶ約千基の汚染水タンクだ。これが22年秋には満杯になり廃炉作業の妨げになるとして、政府はALPS（アルプス）という専用の装置で大半の放射性物質を除去した汚染水を「処理水」と呼び、薄めて海に流す方針を21年4月に決定した。地元漁業者らは強く反発している。

16年の政府の試算によると、福島第1原発の廃炉と汚染水対策にかかる費用は8兆円に上る。このほか、事故で避難を強いられた住民や企業などへの損害賠償で7兆9千億円、事故で広く飛び散った放射性物質の除染で4兆円、除染で出た土などを福島第1原発周辺に保管する中間貯蔵に1兆6千億円かかるとされる。総額の21兆5千億円は、リニア新幹線東京―大阪間の工事費の2倍以上だ。この金額で収まるかもわからない。日本経済研究センターは福島第1原発事故の後始末にかかる費用の総額が最大で70兆円になるとの試算をまとめている。

どのような状態になれば廃炉が終わったと言えるのか、廃炉

福島第1原発は1～4号機が過酷事故を起こした

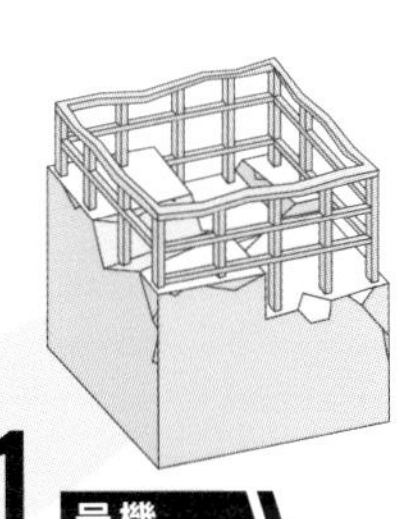

1号機
最初に水素爆発し建屋が大破した。28年度までにプールの燃料取り出しを開始する計画。デブリの取り出し時期は未定

2号機
水素爆発せず建屋が残ったが最も多く放射性物質を放出した。1～3号機で初となるデブリ取り出しに22年着手予定

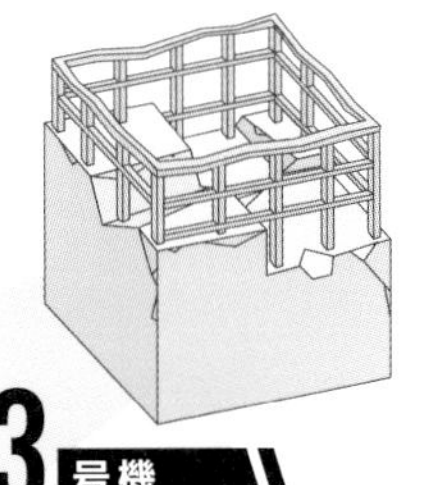

3号機
黒煙を大きく上げて水素爆発した。19年にプールの燃料取り出しを開始し、21年2月に完了。デブリの取り出し時期は未定

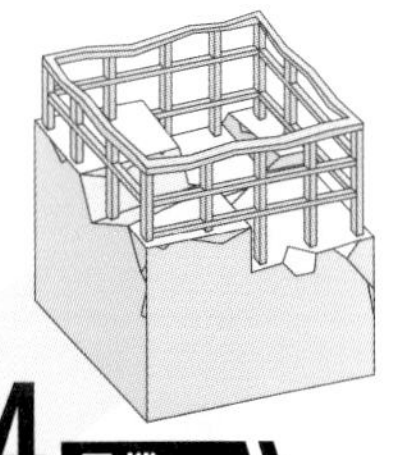

4号機
事故当時は運転停止中だった。3号機から流れ込んだ水素で建屋が爆発。プールの燃料は14年末に取り出し終えた

約1000基の汚染水タンクは満杯に近づいている

2021年1月時点で貯蔵容量約137万㎥のうち　約124万㎥
（東電ホームページより）

敷地内に汚染水のタンクが並ぶ東京電力福島第１原発＝2021年２月（北海道新聞社ヘリから）

の完了形も、東電や政府は事故から10年たってまだ示していない。事故を起こしていない通常の原発では、原子炉やプールの燃料を全て取り出して建屋を解体し更地にするが、福島第1原発では最後までデブリが取り出せない可能性がある。福島原発事故と並ぶ「レベル7」と呼ばれる最悪規模の過酷事故を1986年に起こした旧ソ連チェルノブイリ原発と同じように、デブリを残したまま原子炉をコンクリートで覆う「石棺」にせざるを得ないとの見方もある。「福島第1原発の廃炉は100年たっても不可能」と言い切る専門家もいる。

福島第1原発の1号機が営業運転を開始したのは71年だった。事故はそれからちょうど40年後に起きたことになる。運転して電気を生みだした期間と同じぐらい、あるいは、もっと長い時間のかかる廃炉作業。時間的にも費用的にも、福島第1原発の廃炉は今世紀最大の巨大事業と言えるかもしれない。

ただ、この事業は新しい何かをつくり出すわけではない。事故の後始末だけが延々と続くことになる。

間近に迫る「廃炉時代」

廃炉の行方が見通せないのは福島第1原発だけではない。

国内で初めて1966年に営業運転を始めた日本原子力発電東海原発（茨城県）は98年に停止し、2001年に廃炉に取りかかったが、20年たってまだ完了していない。09年に廃炉作業を始めた中部電力浜岡原発（静岡県）1、2号機の完了予定は36年度。事故を起こさずに運転を終えた原発でも、廃炉には長い時間がかかる。

これら3基を除いて11年に54基あった国内の原発のうち、事故を起こした福島第1の1〜4号機と5、6号機、福島第2の1〜4号機、関西電力美浜（福井県）1、2号機、同大飯（同）1、2号機、日本原電敦賀（同）1号機、九州電力玄海（佐賀県）1、2号機、四国電力伊方（愛媛県）1、2号機、東北電力女川（宮城県）1号機、中国電力島根1号機の計9原発21基の廃炉が決まっている。

国内には運転開始から30年以上たった原発も多く、今後、老朽化や採算面で廃炉を決める原発が相次ぐとみられる。運転中の原発より解体中の原発のほうが多い「廃炉時代」が確実にやってくる。

原子炉の制御棒など、廃炉作業で出る放射能の強い廃棄物をどこで処分するかも決まっていない。使用済み核燃料から出る高レベル放射性廃棄物（核のごみ）と同様に、廃炉で出るさまざまな種類のごみも後世に大きな負担を残す。

【2021年3月1日掲載】

核のごみはホントに北海道にやってくるの？

　高レベル放射性廃棄物（核のごみ）は、原発で使い終えた核燃料からまだ使える部分を取り出した後に残る放射能の極めて強い廃液で、ガラスと混ぜ固めた円柱形のガラス固化体にする。その製造直後の表面の放射線量が1時間当たり約1500シーベルトだ。

Q　シーベルトって何の単位？

　シーベルトは人体に与える影響を表す単位で、一般の人が自然の放射線以外に受ける限度を国は年間1ミリシーベルトと定めている。1500シーベルトはその150万倍だ。20秒浴びただけで100%の人が死ぬ量に達する。

　このため、ステンレス製容器に入れたガラス固化体をベントナイトという特殊な粘土でくるみ、地下300メートルより深くに埋めることで、人間の生活空間から隔離する方針だ。その処分場を国は全国に1カ所造ろうとしている。

Q　原発は「トイレのないマンション」って言われているけど、どういうこと？

A　原発を運転すれば、放射能の極めて強い核のごみがどうしても生じる。全国の原発で大量の使用済み核燃料が発生しており、今後製造する円柱形のガラス固化体に換算すると、既に約2万6千本分に相当する。その処分場所がないことから、原発は「トイレなきマンション」とやゆされてきた。世界でも処分地を決めているのはフィンランドとスウェーデンだけだ。

　処分方法について、かつては海洋や南極、宇宙に捨てることも検討された。いずれも課題が多く、今は地下深くに埋める「地層処分」を計画する国が多い。

　日本は2000年に法律で地層処分を行うことを定めた。原発を持つ電力会社の出資する原子力発電環境整備機構（NUMO）が02年から、処分候補地となる自治体を公募している。07年には高知県東洋町が応募したが、住民らの反発を受けて撤回した。

　公募方式と別に07年、国が自治体に候補地になってくれと申し入れる方式を追加した。複数の自治体に伝える準備をしていたが、11年の東京電力福島第1原発事故で立ち消えになった。

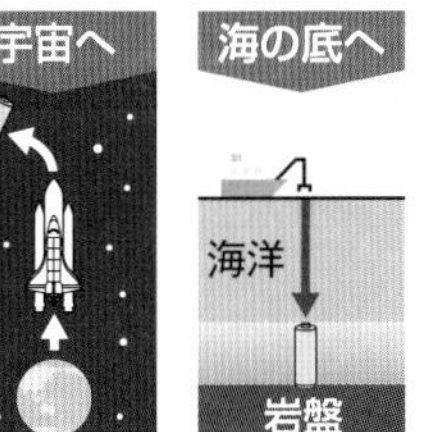
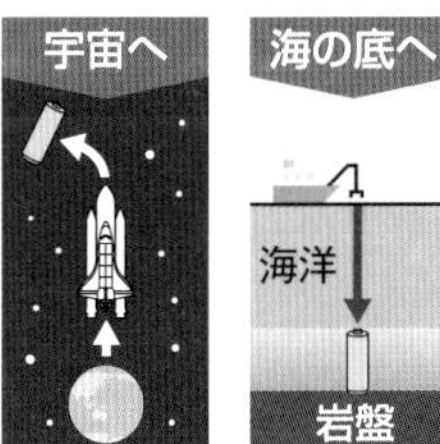

Q　なぜ北海道が核のごみの処分候補地になるの？

A　道内は広大で、人口密度は東京都の100分の1。放射能が強く人が近づけない核のごみを埋めるには好都合と国や電力会社は以前から考えていたようだ。ガラス固化体を製造する青森県六ケ所村から海上輸送するのにも便利だ。北海道電力泊原発で核のごみのもととなる使用済み核燃料が発生しており、ごみを出す側でもある。

　1980年代に宗谷管内（当時は留萌管内）幌延町が関連施設の誘致を表明し、道内全体を巻き込んだ反対運動が起きた。同じころ旧動力炉・核燃料開発事業団（動燃）が極秘で行った調査では、全国で88カ所選んだ処分適地のうち11カ所が道内に集中した。電力会社幹部らが釧路管内を適地と名指ししたこともある。

　幌延町では日本原子力研究開発機構が地下350メートルまで掘った施設で核のごみの処分技術を研究している。研究だけで、実際のごみは持ち込ませないためにと道は都道府県で唯一、核のごみを「受け入れ難い」と宣言する条例を作った。

Q　実際、核のごみを埋めるのに適した場所が道内にあるの？

A　核のごみの処分地選定を前に進めようと国が2017年夏に公表したのが、日本地図を4色に塗り分けた「科学的特性マップ」だ。

火山の半径15キロ以内や活断層の周辺をオレンジ、地下資源のある場所などをグレーに塗って不適地とした。それ以外の場所は適地として薄い緑に塗り、そのうち海岸から20キロ以内を海上輸送の面でも好ましい最適地として緑を濃くした。

国は適地について「好ましい特性が確認できる可能性が相対的に高い地域」と回りくどく表現している。

マップ作成のために新たな調査をしたわけではない。既存の文献にある地図を重ね合わせただけだ。道内では陸地面積の3割、沿岸部を中心に86市町村にまたがる地域が最適地とされた（P29）。

このマップを使い、国とNUMOは毎年、都道府県ごとに自治体向け説明会を開くが、個別の自治体からの相談などについてNUMOは「答えられない」という。マップ公表後、応募への動きが報じられたのは寿都町が全国で初めてだった。

Q　寿都町や神恵内村ではこれからどんな調査をするの？

A　2＋4＋14の20年間。核のごみの処分地を決める調査にはこれだけかかる。

寿都町と神恵内村で始まった「文献調査」、地上からのボーリングで地質を調べる「概要調査」、幌延町にある幌延深地層研究センターのような地下施設を造って行う「精密調査」の3段階で調べる。

文献調査は文字通り、地質の文献など資料を調べるだけ。それでも2年間で最大20億円が国から自治体に交付される。概要調査は4年間で同70億円、精密調査の交付金額は未定という。

国とNUMOは、複数の自治体を対象に文献調査を行い、概要、精密と進むうちに1カ所に絞り込みたい考えだ。

3段階の調査後、処分場を建設して核のごみの搬入を始めるまでに10年かかる。NUMOが過去に示した資料では、建設や操業に伴う地元への経済効果が年間500億円を上回ると書かれていた。搬入を完了し処分場を閉鎖するまでさらに70年。文献調査からだと計100年かかる巨大公共事業だ。

核のごみをどうするか。いま政策決定に関わる人の中には10万年後はもちろん、100年後の姿を見届ける人もいない。

地層処分場の建設までの流れ

文献調査（2年間）　火山や活断層の有無の確認
概要調査（4年間）　地表からのボーリング実施
精密調査（14年間）　地下の坑道で研究
建設（10年間）

私は考える ❶

掛作菜々美さん＝札幌北辰中1年

核のごみ「人ごとじゃない」

後志管内の寿都町と神恵内村で処分地選定に向けた全国初の調査が行われている高レベル放射性廃棄物（核のごみ）。処分地を決めるのに少なくとも20年、処分場を建設し、核のごみを埋め始めるまで30年はかかる。その時、社会の中心にいる今の子どもたちは、この問題をどう考えているだろうか。

「10万年」にびっくり

札幌市内の小中学生の夏休みの自由研究などを対象にした「第41回札幌市児童生徒社会研究作品展」で、札幌北辰中1年の掛作（かけさく）菜々美さんが最高賞の最優秀賞（国土地理院長賞）に選ばれた。原発から出る核のごみの最終処分場問題をテーマに取り上げ、「未来のために『見ざる、言わざる、聞かざる』はできない」と訴えている。

――なぜ核のごみの問題を自由研究のテーマにしたのですか。

「核のごみについて同じ世代の人たちにももっと知ってほしい」と話す掛作菜々美さん

掛作　2020年8月13日の北海道新聞で寿都町が調査に応募を検討しているという記事を見て、これは取り上げなきゃダメだと思いました。核のごみが北海道に入ってくるかもしれない、関心を持たなきゃいけない、と思ったんです。

――その記事を読んだ時、最初にどんなことを思いましたか。

掛作　えっ！　自然豊かな北海道にそんな危険なものが入ってくるのかとびっくりしました。

――危険なものだとすぐ分かったのですか。

掛作　はい。小学4年の自由研究で原発と原爆について調べたことがあって、放射能の恐ろしさを知っていたので。核のごみは安全になるまで10万年もかかるんだと知ってますます驚きました。

――学校で核のごみのことは習いましたか。

掛作　いいえ。原発のことも詳しくは習っていません。

――友達同士で話題に上ることもないですか。

掛作　ないです。ただ私は一人っ子で晩ご飯の時とか家族でいろんな話をします。その時は核のごみのことも話題になるんです。

――掛作さんが生まれるずっと前から動いていた原発から、実はごみがいっぱい出ていました。その後始末を引き受けるのが……

掛作　私たち。若い人ですね。

――それって腹が立ちませんか。大人たちに。

掛作　怒るとか腹立たしいとかはありません。でも、何でそんな負の遺産が出ると分かっていながら原発を動かし続けたのか。あきれちゃうことはあります。

まず止めることが大事

――なぜ動かし続けたんだと思いますか。

掛作　経済のこととか、大人にはいろいろあるんだろうと思います。でも経済面だけを見て将来のことを考えずに動かしてきたのは浅はかだなって気がする。大人に

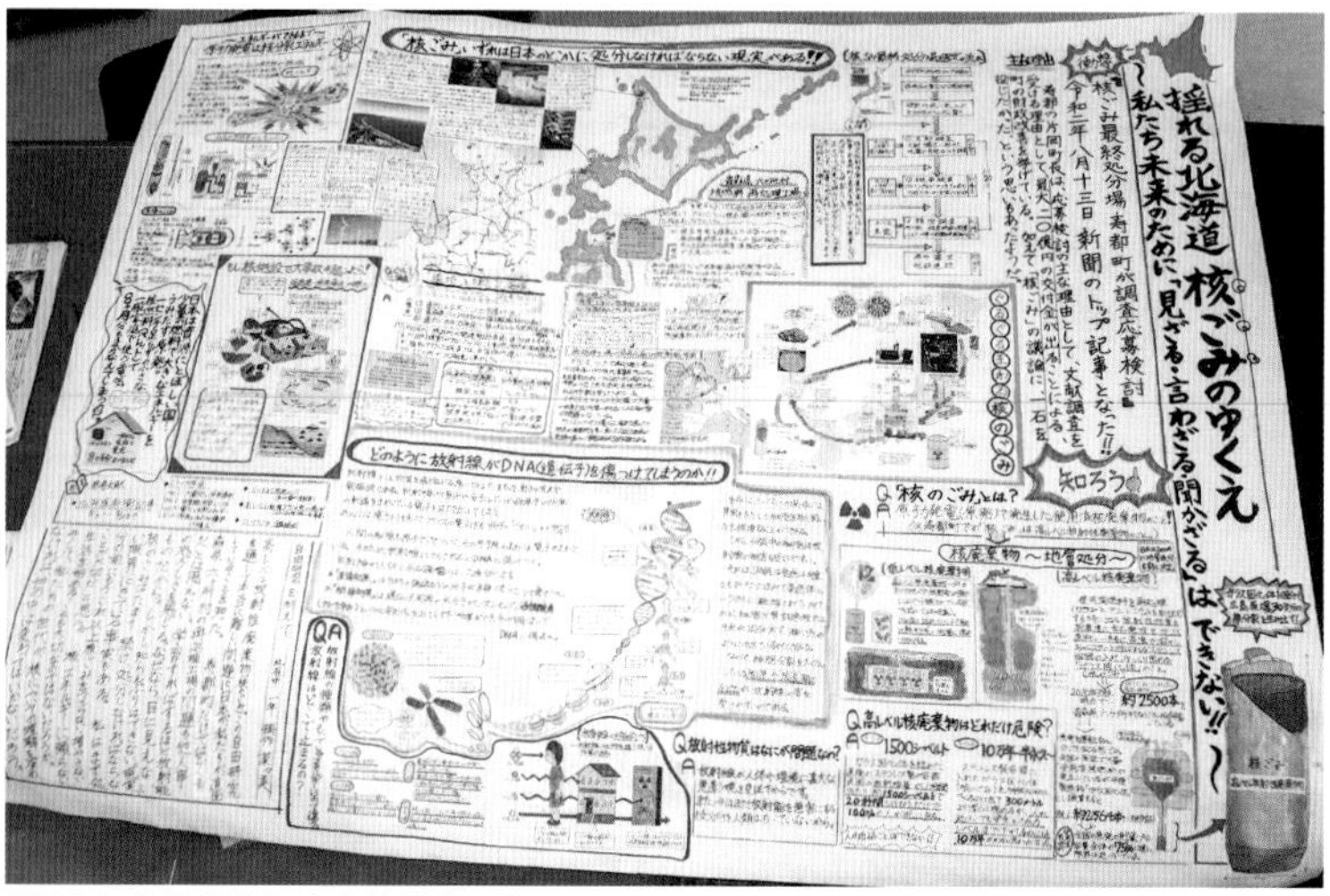

2020年の札幌市児童生徒社会研究作品展で最高賞の国土地理院長賞に選ばれた掛作菜々美さんの作品。地図やイラストをふんだんに使い、核のごみについて「『見ざる、言わざる、聞かざる』はできない!!」と訴えた。

はもっとしっかりしてほしいと思います。

——原発も処分場も、誘致する側の大人はよく「まちの未来のため」「若い人に故郷を残すため」と誘致の理由を説明します。

掛作　核でまちが栄えるとは思わないし、故郷を守ることにはつながらないと思います。地震が起き放射能が漏れたらどうなるか、そっちのほうが心配です。

——核のごみについて話し合うと、せめてこれ以上危険なごみを増やさないために、もう原発を動かすべきではないという意見がよく出ます。どう思いますか。

掛作　私も原発は止めたほうがいいと思います。処分場を探すとともに原発もやめないと、ずっと核のごみが出続けてしまう。まず止めることが大事だと思います。

現実知り、意見出し合う

——掛作さんは08年3月生まれです。3年後に東京電力福島第1原発事故が起きた後、原発はほとんど動いていません。核のごみについては、みんなが原発の電気を使って出たごみなのでみんなで考えようと国や電力会社は言います。でも原発の恩恵を受けていない掛作さんたちには、そんなの関係ないと思いませんか。

掛作　そうは思わないです。恩恵は受けてなくても被害は受けるかもしれないじゃないですか。何が危険か知らないと、知らないことに対する恐怖とかもある。だから知ることってすごく大事だと思っています。核のごみは現実にもうあるので、私たち若い世代が引き受けないと仕方ない。同じ世代の人たちにもっとこの問題が伝わればいいと思います。

——どうすれば伝わると思いますか。

掛作　専門用語を並べて説明しても伝わらないと思うんです。活字ばかりでなくイラストや分かりやすいレイアウトで『これって何だろう』と目を向けてもらうことから始めるべきだと思います。

——自由研究作品で掛作さんがこだわった点は。

掛作　現実問題として最終的にどこかで処分しないといけないということは伝えたかったです。作品の上のほうに「いずれは日本のどこかに処分しなければならない現実がある!!」と書きました。

——「日本のどこか」が道内になったらどうですか。

掛作　うーん、やっぱり北海道には来てほしくないですね。北海道は広くて人口密度が低いとか、自然がいっぱいあるから少しぐらい壊しても問題ないと考える人がいるかもしれないけど、私は違うと思う。私たちの北海道に核は受け入れたくないと、ちゃんと言ったほうがいいと思います。

——ちゃんと言うためにもまず知ろう、ということですね。

掛作　はい。こんな危険があって、でも、どこかで処分しないといけない現実も知ったうえで、じゃあ、どうしようと意見を出し合う必要がある。人ごとじゃなくて、北海道で実際に処分場ができるかもしれない動きがあるのだから、大人も子どもも、多くの人に関心を持ってもらいたいです。

【2021年1月31日掲載】

幌延2012

寿都・神恵内2020

核のごみに関する問題を
北海道新聞はどう報じてきたか。
2012年以降の記事を基に振り返る。

幌延 2012

処分場誘致の動き

商工業者ら期成会準備

原発から出る「核のごみ」、事実上破綻している核燃料サイクル政策、原子炉の廃炉……。2011年3月の東京電力福島第1原発事故は、私たちにいくつもの難題を突きつけてきた。原発に賛成、反対、その立場にかかわらず、私たちは重い現実と未来に向き合わねばならない。そしてその問いの先端が、道北の小さな町の地下深くにある。

地下350・5メートル。宗谷管内幌延町にある地下研究施設の立て坑が12年4月14日、この深さに達した。札幌のテレビ塔を縦に二つ並べたよりも深い。

地下へは金網をめぐらせたオレンジ色のゴンドラで降りる。直径6・5メートルの穴がどこまで続くのか、真っ暗で見えない。

ここは、決して人が近づいてはいけない「核のごみ」を、地中深く埋めるための研究施設。あくまで研究の施設であって、核のごみは持ち込まない。研究が終われば埋め戻す計画だ。

だが、計画にない動きが水面下で進んでいた——。

協定には逆行

「早く次の一手を打つ必要がある。遅くても来年には立ち上げたい」。12年3月、幌延町商工会の松永継男会長は、北海道新聞の取材にそう話した。

松永会長が言う「次の一手」とは、核のごみの最終処分場を誘致する期成会の立ち上げだ。約20年と決められた地下施設の研究期間は折り返し点に差しかかり、翌年にも掘削作業と並行し穴を埋め戻す研究に着手する予定だった。

せっかく研究したのだから、実際に核のごみを埋める処分場を——と町内の建設業者や酪農家も同調し、ひそかに期成会の準備が進んでいた。

この動きは本来、禁じ手のはずだった。

01年に施設を開所する前年、運営する日本原子力研究開発機構☞（原子力機構、当時は核燃料サイクル開発機構）と道、幌延町は「放射性廃棄物を持ち込まない」とする3者協定を結んだ。

12年4月、地下研究施設の幌延深地層研究センター（深地層研）☞が開いた町民への同年度事業説明会でも、坂巻昌工所長は「協定を守りながら研究する」と、例年通りの説明を繰り返した。

事故後は潜行

核のごみと呼ばれる高レベル放射性廃棄物は、北海道電力泊原発（後志管内泊村）をはじめ全国の原発で使った核燃料の残りかすだ。人間が近づけば20秒で死ぬほど放射能が強く、安全なレベルに下がるのに10万年かかるとされる。

そんな危険なごみを捨てる場所は、日本中どこにも、まだない。

引き受け手を探すため、処分

場を誘致する自治体には、書類審査に当たる2年間の文献調査に応じるだけで、最大20億円の交付金が出る。処分場の建設を担う原子力発電環境整備機構（NUMO）☞の資料には、建設や操業に伴う地元への経済効果が年間500億円を上回るとも書かれている。

深地層研究センターの地上施設部分

期成会の設立を目指す松永会長は11年2月、初めてNUMOを訪れて説明を受けた。だが1カ月後に起きた福島第1原発の事故で、原子力関連施設全体への風当たりが強まり、表立った動きは「逆風が収まるまで」見合わせることにした。

誘致をあきらめたことは「一度もない」と松永会長は言う。「地元に処分場誘致の意志があることを民間レベルで発信しないと、この町に何も残らない。地元の若者に将来を約束してやれない」

幌延町の宮本明町長は3月、取材に対し、期成会設立の動きについて「知らない。町としては協定を守るとしか言えない」と話した。

ただ、宮本町長は11年6月の町議会で、文献調査への応募を「これから検討する課題」と答弁し、波紋を広げた。町議時代は処分場を誘致した一人。今も「せっかくの研究施設を今後の地域振興に生かしたいという気持ちはある」と含みを残す。

「宝石プラン」

幌延町と核のかかわりは1980年代にさかのぼる。最初は原発を、後に放射性廃棄物の処分場を誘致した。82年に開いた初の説明会で、当時の佐野清町長（故人）は発言している。「原発のごみと言われるが、私はお金が入ってくる宝石プランだと思う」

幌延町による誘致はその後、道内全体を巻き込んだ反対運動で頓挫する。妥協の産物が、2000年の3者協定で「核抜き」になった深地層研だった。

協定の文案を作った元助役の寺田保徳氏は「積極的か消極的かは別にして、町民の大半が関連施設の誘致を支持していた」と当時を振り返る。3・11後の今はどうか。町議会の野々村仁議長は推測する。「フィフティ・フィフティ（50対50）ではないか」

深地層研の立て坑は地下500メートルまで掘り進める計画だ。深い穴のたどり着く先に何があるのか、だれにも見えない。

【2012年4月15日掲載】

幌延深地層研究センターの地下140メートル付近。ゴンドラが、吸い込まれるように深く降りていく

酪農業・川上さん

核のごみ　搬入反対30年

四国から移り住み、もうすぐ60年。うち30年は「核のごみ」の受け入れを阻止する運動に明け暮れた。放射性廃棄物の処分場問題で揺れた幌延町の酪農業川上幸男さん。歯を食いしばって切り開いた大地を「決して核のごみ捨て場にさせない」と、今も反対を訴え続ける。

温水器手作り

2枚の太陽光発電パネルに、3基の小型風力発電機。搾乳用のガラス管を使った手作りの太陽熱温水器もある。「年寄りのささやかな抵抗です」。自然エネルギーの展示場のような自宅の一角を指しながら、川上さんは言う。「原発のごみを押し付けられないために、少しでも原発に頼らない暮らしを」と考え、1987年ごろから順に設置した。

太陽光パネルと風車のある自宅の前に立つ川上幸男さん

29年（昭和4年）、香川県西部、豊浜町（現・観音寺市）の果樹農家に生まれた。53年に県が募集した農業研修で幌延に5カ月滞在し、「広大な原野にあこがれて」55年に移住。湿原のような泥炭層と格闘しながらソバや菜豆（いんげん）などを栽培した。その後、親牛1頭、子牛1頭から酪農を始めた。

28歳で結婚し、1男2女に恵まれた川上さんの人生が変わったのは82年3月。当時の幌延町長が放射性廃棄物の貯蔵施設の誘致を表明した。「ごみでまちをつくるなんてバカなことがあるか」と反対運動を始め、83年には町議に。地元の誘致反対派の中心的存在になった。

初当選時に川上さんを含め3人いた反対派の町議は、87年には1人だけになった。

2007年までの6期24年の大半は、町長も議員も誘致に動く中、貯蔵施設の問題点を議会でただし続けるなど孤軍奮闘を強いられた。

1984年には、動力炉・核燃料開発事業団（動燃、現・日本原子力研究開発機構）が、廃棄物の貯蔵と処分法の研究を行う「貯蔵工学センター」を幌延に建設する計画を発表した。

当時、町民に配られた説明資料には、核のごみが道路の融雪や牧草の乾燥などの熱源になると書かれていた。放射線について、その危険性には一切触れず、代わりに土壌殺菌や品種改良など「幅広い利用が期待」できるとされていた。「ふざけるな」。今も怒りがわき上がる。

集会の先頭に

「放射性廃棄物を持ち込まない」とする道などとの協定が2000年にできるまで、反対集会やデモの先頭に立ち続けた。振り返れば「あっという間だった」。そして11年の東京電力福島第1原発事故。「幌延も変わる」と期待したが、今も町内では施設がもたらす交付金や地域振興策に希望を託す町民が少なくない。「福島の事故は人ごとではないはずなのに」とむなしくなる。

「廃棄物をどこで処分するか、原子力問題の根幹が30年たっても決着していない。処分場所がなければ国も原発をやめるはず。幌延の反対運動を通じて、早く原発を止めたい」

24歳で初めて足を踏み入れた幌延で、今は町老人クラブ連合会の会長を任される。町の人口は約2600人で、ピーク時の半分以下になった。「だれかが反対の声を上げ続けないと、みんなが忘れたころに核のごみ捨て場にされてしまう」と川上さん。老いた体にむち打ち、声を上げ続ける決意だ。

【2012年4月20日掲載】

オンカロ 2013

先行フィンランド
10万年、地下420メートルに密封

原発から出る「核のごみ」は、放射能が安全なレベルに下がるまで10万年かかり、その処分は人類が今まで経験したことのない長期間の事業になる。地中深くに埋める「地層処分」☞が有力な手法とされ、フィンランドでは処分場の建設が進む。

2020年代操業へ建設進む

原子力発電を行う世界中の国が核のごみ処分に頭を悩ます中、先行するのが北欧のフィンランドだ。首都ヘルシンキから北西へ230キロのオルキルオト島にある処分場の名は「洞窟」「隠す場所」という意味の「オンカロ」。建設が進む現地を2013年1月中旬に訪ねた。

深い地下へ続くトンネルの坂道は思ったよりも緩やかだった。むき出しの岩盤は、雪に覆われた地上より暖かそうだ。

トンネルの傾斜は10度。1キロ進むと100メートル下る。車で15分かけて地下420メートル地点にたどり着く。気温13～14度。地上より20度ほど暖かい。

ここに核のごみを埋める。黄色い手すりに囲われた直径2メートル、縦に8メートルの見学者用の穴が3本あった。同じ核のごみでも日本と違い、フィンランドでは原発から出る使用済み核燃料を再処理せずに直接、細長い金属製の容器に入れて埋める。縦穴のサイズはこの容器に合わせたものだ。

オンカロ入り口。この先に現時点で約5キロのトンネルが続く（関口裕士撮影）

建設に携わる地質学者で、地元生まれのトウマス・ペレさんが地下を案内しながら「周辺で過去に地震が起きた記憶はないし、活断層もない」と説明する。オンカロ周辺は18～19億年前からの安定した地層で、花こう岩などの硬い結晶質岩でできているという。ごみを埋めるというより、岩をくりぬいて、そこに金属容器をはめ込むイメージだ。

「もともとウランは地下から掘り出された。オンカロはそれを再び自然に戻すための施設です」。ペレさんはそう言った。

オンカロの入り口から50メートル付近。太古からの岩盤がむき出しになっている

「忘れ去られるための施設」

オンカロを建設するのは、近くでオルキルオト原発2基（3基目を建設中、4基目を計画中）を運転するTVO社と、別の原発2基を運転する電力会社が出資して1995年に設立したポシバ社だ。

各国の地層処分計画（2012年時点、資源エネルギー庁などの資料から）

	操業開始時期	処分場	原発基数	方式
フィンランド	2020年ごろ	決　定	4	直接処分
スウェーデン	25年ごろ	決　定	10	
フランス	25年ごろ	候補地あり	58	直接処分と再処理の併用
スイス	50年ごろ	候補地あり	5	
ドイツ	35年ごろ	候補地あり	9	
イギリス	40年ごろ	未　定	18	
アメリカ	未　定	未　定（再検討中）	104	
日本	35年ごろ	未　定	50	再処理

ポシバ社は2012年12月、オンカロの建設許可を国に申請した。審査が問題なく終われば14年6月にも本格的な建設を始め、20年代初頭の操業を目指す（その後、25年操業開始と発表）。運び込まれる使用済み燃料は原発6基分で約9千トンと見込んでいる。フィンランドは今後も原発を維持する方針で、オンカロは最大1万2千トンまで受け入れ可能という。

フィンランドで地層処分の方針が決まったのは1983年。実際にオンカロで処分を始めるまで40年以上かかることになる。過去から長い道のりに見えるが、未来はさらに途方もなく長い。搬入を終えるのは100年後。その時点で総延長40キロになるというトンネルは完全に埋め戻して痕跡を消す。その後10万年ともされる長い歳月、ここは核のごみの「隠し場所」であり続ける。

10万年もの間、隠し続けられるのだろうか、10万年も隠し続けないといけないものをなぜ、生み出してしまったのだろうか。オンカロは問いかけてくる。

地上で話を聞いたポシバ社のレイヨ・スンデル社長は「10万年間、安全は確保できる」と強調したうえで、オンカロの役割をこう表現した。

「いつか人々の記憶から完全に忘れ去られるための施設です」

各国の動向

独仏は候補地絞り込み

核のごみの処分場はフィンランドの隣国スウェーデンでも建設が進む。フランスとスイス、ドイツも候補地を絞り込んでいる。

一方、２０２０年の操業開始を目指し02年に処分地を決定していた世界一の原発大国・米国は、09年の政権交代で計画を白紙撤回。英国も、処分場誘致を検討していた自治体が断念し、選定作業は振り出しに戻った。

各国とも地層処分を行う点は同じだが、フィンランドとスウェーデンが使用済み核燃料を直接処分するのに対し、他国は再処理してガラス固化体での処分も併用するという違いがある。

直接処分では、ガラス固化体として埋める場合と比べて処分場の面積が3倍ほど必要になる。それでも、原発の少ない国は再処理するよりもコストが安く済む。米国やフランスなど核兵器保有国では、軍事用にプルトニウムを取り出すための再処理も行われている。

世界の原発数は11年時点の４３３基が26年に９７７基と倍増する見通しで、すべての原発が核のごみを出す。

地下 420 メートル付近。使用済み核燃料の金属容器を入れる穴と同じ見学者用の穴がある

オンカロ建設現場の全景。中央にトンネル入り口、奥に稼働中の原発２基と建設中の１基が見える（ポシバ社提供）

映画「100、000年後の安全」を制作したマイケル・マドセン監督に聞く

「隠しておく」危険　未来の人に伝える

オンカロにかかわる科学者や電力会社幹部、政府高官らにインタビューを重ねた映画がある。ドキュメンタリー映画「100、000年後の安全」。東京電力福島第1原発事故後に道内を含め国内各地で上映され、大きな反響があった。撮影したデンマーク人監督、マイケル・マドセン氏に話を聞いた。

オンカロに興味を持ったのは10万年という長い時間、核のごみを「隠しておく場所」という特殊性からです。未来の人に知られることなく「そっとしておかれる場所」。それがオンカロの基本的な考え方です。10万年先を見据えた施設を人類が造ることなど初めてです。10万年先の世界なんてだれにも分からない。未来の人類にどうやって危険性を伝えるのか、そもそも危険なごみを押し付けていいのか。撮影中もずっと考えていました。

核のごみの後始末はフィンランドだけの問題ではありません。原発を動かしている国は、何らかの形で処理しないといけない。自国で処理するのか、お金を出して途上国に持ち込むか、フィンランドなど自然災害の少ない国が他国分も引き受けるか、いずれにしても難しい問題です。

反原発を主張する人にあらためて認識してほしいのは、既に発生した廃棄物は、放っておいても消えないということです。何とか処理しなければいけません。

映画は原発の善悪を語る目的で撮ったのではありません。政治的な意図はありません。一つ間違いなく言えるのは、10万年も残るごみは、原子力という技術を手にしたこの時代の象徴だということです。私たちの世代が将来の世代にオンカロのようなものを残すことの意味を考えたかっただけです。

インタビューで、オンカロのように地層処分をしてはいけない国があるか専門家に聞いたことがあります。彼はこう答えました。「間違っても決してやってはいけない国がある。それは日本だ」。日本は世界屈指の地震の多発地域で、安全性が保証できないという理由でした。

核のごみの処分については、いつか科学技術の進歩で解決できると先送りしてきた。その結果、今、世界中が行き詰まっています。

【2013年2月18日掲載】

「核のごみについては知らされていないことも多い。議論を通じて真実を知る必要がある」と話すマドセン氏＝2013年1月、デンマーク・コペンハーゲンで

決められない日本
技術確立まで暫定保管案

核のごみの後始末をめぐる日本の計画は今、岐路に立っている。核のごみをどこへ持っていくか、まったくめどが立たない中、地下深くに埋める「地層処分」は安全性に疑問があるとして、地上で暫定的に保管する案が浮上。使用済み核燃料からプルトニウムを取り出す「再処理」をあきらめ、使用済み燃料のまま「直接処分」する研究も始まる。

地層処分は、地下300メートルより深くトンネルを張り巡らし、核のごみを埋めていく。政府が2000年に法律で方針を決め、02年から原子力発電環境整備機構（NUMO）が処分地を募っているが、応募した高知県東洋町をはじめ各地で候補地選びは頓挫した。10万年もの長期にわたる安全性が確信できないまま地下に核のごみを埋めてしまう手法に、地元住民らが反発したためだ。

計画が行き詰まる中、地層処分の見直しの機運を高めたのが、12年9月の日本学術会議による提言だった。

国の特別機関として、科学者を代表し見解や声明をまとめる学術会議は10年、原子力政策の方向性を決める原子力委員会から、地層処分計画を推進するための提言を依頼された。文系、理系の第一線の研究者で議論を重ねた結果、学術会議は「現在の科学技術では万年単位の将来を予測できず、国民に安全性を納得してもらうのは不可能」と結論付け、地層処分の代わりに「暫定保管」を提言した。

人が近づけない地下深くに埋めてしまう地層処分と違い、暫定保管では、地上付近で数十年から数百年、いつでも取り出せる状態で核のごみを保管する。その間に処理法の研究が進んで新たな技術が確立すれば、ごみを取り出して処理し直す。

オンカロの建設現場（ポシバ社提供）

かねて地層処分には「将来何が起こるか分からない無責任な埋め捨て」という批判があった。学術会議の提言は現実的な選択肢として今後、具体的に検討される可能性がある。

一方で国は、使用済み燃料を再処理せずに、そのまま埋めるための研究費として36億円を13年度予算案に初めて計上した。日本原燃の再処理工場（青森県六ヶ所村）がトラブル続きで稼働せず、再処理を待つ使用済み燃料がたまるばかりのためだ。これまで使用済み燃料は全量再処理する方針だっただけに、大きな転換の兆しと言える。

ただ、地層処分や再処理の見直しが一気に進むのは難しいとみられる。宇宙への打ち上げや海洋投棄など他の手法を検討したうえで、最も現実的だとして、地層処分は選ばれた。資源エネルギー庁放射性廃棄物等対策室は「地層処分の方針は揺るがない」としている。

また、再処理を断念するなら、青森県は再処理工場に保管中の3千トン近い使用済み燃料を各地の原発に戻すと主張している。そうなれば、全国の原発の使用済み燃料プールがあふれ、原発は動かせなくなる。再処理路線の変更には、こうした課題を整理したうえでの政治判断が求められる。

【2013年2月18日掲載】

日本学術会議検討委員長・今田高俊氏に聞く

国民の信頼回復へ　抜本的見直し提言

核のごみの処分について抜本的な見直しを提言した日本学術会議。まとめに当たった検討委員会の委員長である今田高俊・東工大教授に、提言に込めた思いや背景を聞いた。

提言には、核のごみの処分をめぐる日本の現状が今、どうなっているかというエビデンス（客観的事実）だけを書きました。主観的な判断や臆測は一切書かなかった。事実を積み上げるだけで、問題がどれほど八方ふさがりかが分かる。待ったなしの状況であることも伝わると思いました。

いまだ・たかとし　1948年神戸市生まれ。東大大学院博士課程中退。東大助手などを経て東京工大大学院社会理工学研究科教授。著書に『自己組織性～社会理論の復活』（創文社）など。

原子力委員会が私たちに依頼したのは、技術面だけでなく社会科学的な観点を含めて、核のごみの処分に関する国民への説明や情報提供のあり方を審議することでした。その依頼への回答が「地層処分は技術的に困難」「埋めずに保管を」と処分の前提そのものを否定するものだったので、原子力委はびっくりしたでしょう。

科学的に10万年という長期間にわたる地層構造の変化を予測するのは困難です。社会科学的にも、国民に安全性を納得してもらうのは無理。研究者の良心に従って、その点は明確にしたつもりです。学術会議がこれほど国策を真っ向から否定したのは初めてだと自負しています。

処分地選定が行き詰まっているのは、国民への説明が不十分だからではなく、社会的な合意を得ることなく原発政策を進めてきたことに原因があります。

原発を動かすことを優先し、動かした後で、実は厄介なごみが出る、でもみんな電気を使っているからみんなの責任だというのは「後出しジャンケン」です。その反省が国にも電力会社にもない。こんな状況では、東京電力福島第1原発事故で失われた国民の信頼は決して回復しません。

提言は、核のごみの量に上限を設ける「総量管理」の考え方も打ち出しました。今後発生するごみの量を抑制することで、脱原発は加速するはずです。今後、核のごみの処分は世界共通の悩みになる。おそらく国連安全保障理事会の対象案件になるでしょう。

【２０１３年２月18日掲載】

六ケ所村 2014

核燃サイクル施設ルポ

再処理工場未完成　プールは満杯

原発の使用済み核燃料からプルトニウムを取り出す再処理工場や「核のごみ」高レベル放射性廃棄物の一時的な貯蔵庫……。2014年5月、青森県六ケ所村の日本原燃の「核燃料サイクル」施設群に取材で入った。国は同年4月、再処理を推進し、核のごみ処分で国が前面に立つと明記したエネルギー基本計画を決めた。しかし、再処理工場は完成が繰り返し延期されて今も動かず、核のごみの最終処分地も見つからない。国策のサイクルがいっこうに回らない中で、使用済み燃料や核のごみは六ケ所村にたまる一方だ。

函館市の南東約100キロ。原野の中に高さ150メートルの排気筒がそびえ、窓のない無機質な建物が並ぶ。敷地面積は札幌・モエレ沼公園の4倍、740ヘクタールある。

「許可した場所以外はカメラを向けないでください」。案内する担当者が念を押す。核兵器の原料にもなるプルトニウムを扱うだけに、ほとんどの施設が撮影禁止で、見学も不可だ。監視カメラが至るところにある。

まるで軍事要塞

中核施設の再処理工場について説明を受ける。当初は1997年完成予定だった。建設費は当初の3倍の2兆円以上に膨らんだ。

むき出しにした使用済み燃料の切断や溶融など作業工程の大半は遠隔操作で行う。搬送は地下のトンネルを使う。南北約1

再処理工場の中央制御室。ほとんどの工程が遠隔操作で行われる

キロ、東西800メートルの敷地の地下に北海道新幹線札幌―東京間より長い総延長1300キロのトンネルや配管が張り巡らされているという。まるで巨大な軍事要塞のようだ。

2006年に実物の使用済み燃料を使う試運転を始めた。14年1月には原子力規制委員会に稼働に向けた審査を申請。日本原燃の赤坂猛理事は「技術的には完成している」と強調するが、規制委の審査をクリアできるかは不透明だ。

眠る「使用済み」

核燃サイクルの行き詰まりを象徴するのが、再処理工場に隣接する使用済み燃料プールだ。横27メートル、縦11メートル、深さ12メートルのプールが三つ。北海道電力泊原発のプールの3倍の3千トン、国内最大の貯蔵容量を誇るが、既にその98%が埋まっている。

使用済み燃料は1999年から受け入れ始めた。再処理工場が動かないのでプールから取り出せない。使用済み燃料は各地の原発のプールで1年、再処理工場のプールで3年の計4年冷却し再処理する予定だったが、今は「平均して13年ぐらい寝ている」（赤坂理事）。

最終地決まらず

海外で再処理され返還された核のごみも六ケ所村に集まる。放射能の強い廃液をガラスと混ぜ固めたガラス固化体1442本が一時貯蔵庫で保管され、このほか132本を受け入れ済みだ。国は、核のごみを「青森県以外の場所」（資源エネルギー庁幹部）で地下300メートルより深くに埋める方針だ。処分技術の研究は幌延町で行われているが、実際に処分する場所はまだ全国どこにもない。

【2014年5月25日掲載】

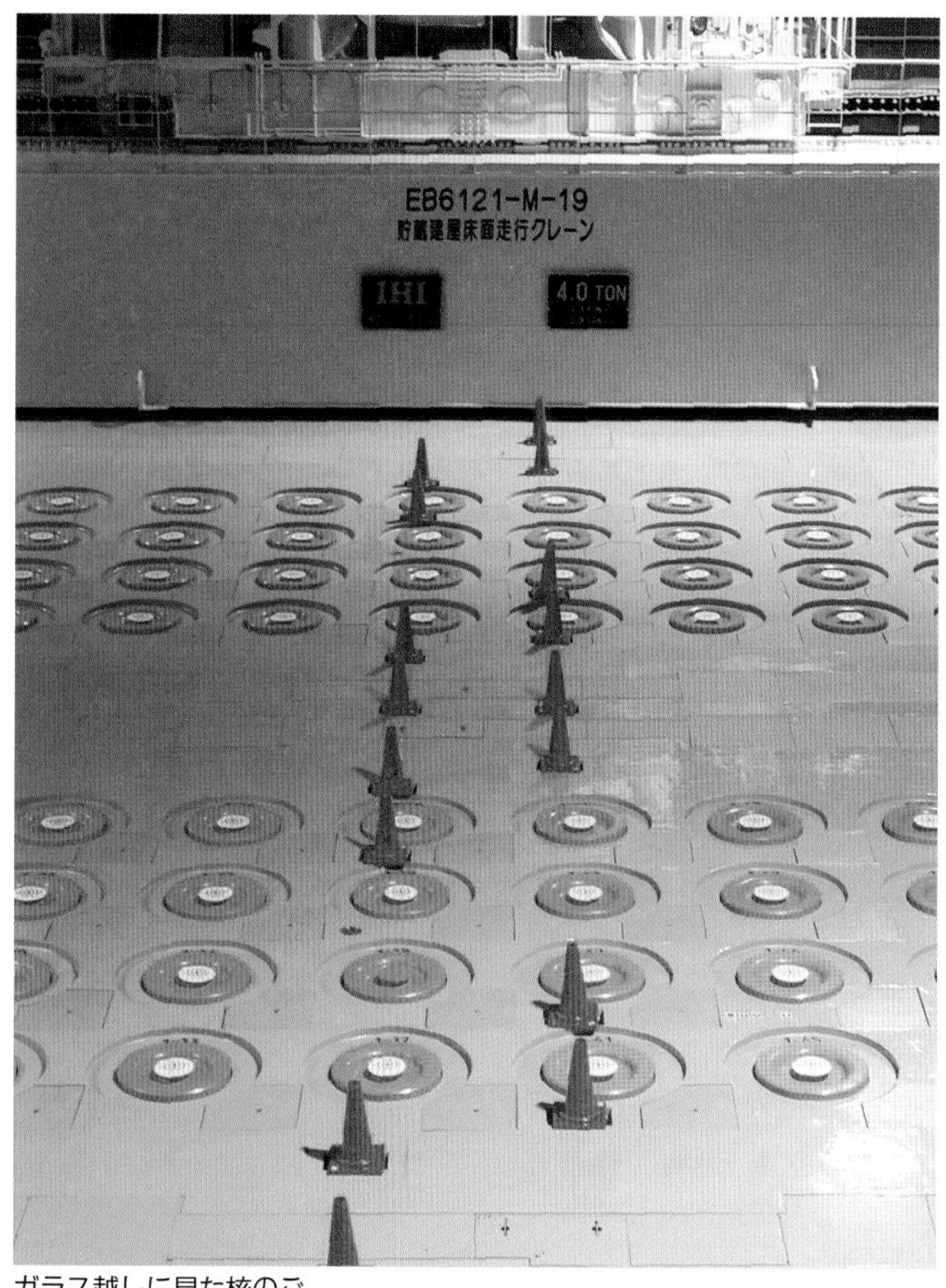

ガラス越しに見た核のごみの一時貯蔵施設。直径約50センチのオレンジ色のフタの下に縦に並べる形で9本ずつガラス固化体が保管されている＝2014年5月

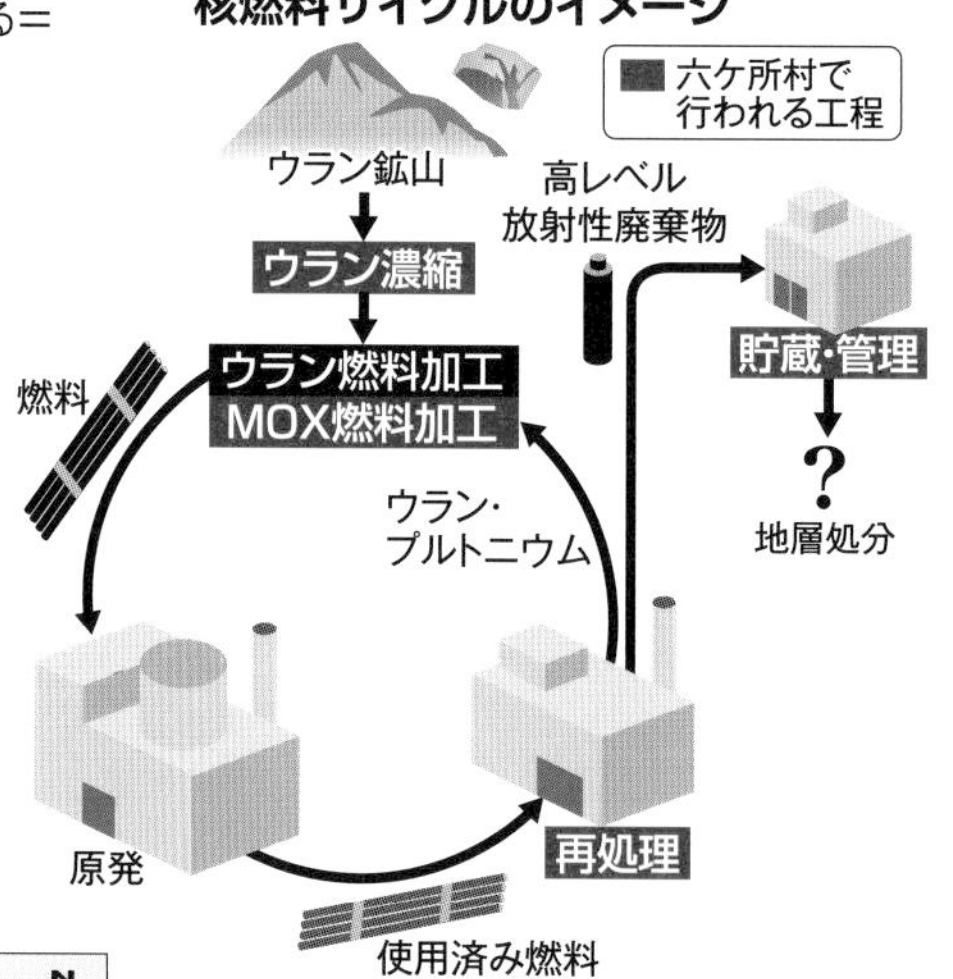

政府、「核ごみマップ」公表
道内3割「最適地」

政府は2017年7月28日、原発から出る高レベル放射性廃棄物（核のごみ）の最終処分に適した地域を示した日本地図「科学的特性マップ」を公表した。処分場の候補地として、火山や活断層が周囲になく海岸からも近い地域を「最適地」と分類。国土の3割が該当し、含まれる市町村は、全国の半数を上回る約900に上る。道内も陸地面積の3割が最適地とされ、86市町村が最適地を有する結果となった。

活断層周辺や火山から半径15キロ圏内の場所（オレンジ）と、炭田や油田などの地下資源が存在し将来の採掘可能性がある場所（グレー）を除いた場所を適地（薄い緑）とした上で、適地の中でも海上輸送に都合が良い海岸から約20キロ以内の地域を最適地（濃い緑）とした。

その結果、道内は函館市を含む渡島地方、世界遺産のある知床半島、火山がある胆振西部などが不適地となったが、沿岸部の広範囲に最適地が分布している。釧路市や稚内市周辺などは、炭田や油田がある場所は不適地だが、地域内には少なからず最適地がある。

幌延町にある日本原子力研究開発機構の幌延深地層研究センター付近は最適地だが、道と幌延町、原子力機構による3者協定で処分場への転用を禁じており、経済産業省も「転用することはない」と強調。北方領土の大部分は、火山を理由に不適とした。

【2017年7月29日掲載】

経産省が公表した「核のごみ」科学的特性マップ

（地名は振興局所在地など。経済産業省公表の資料を加工）

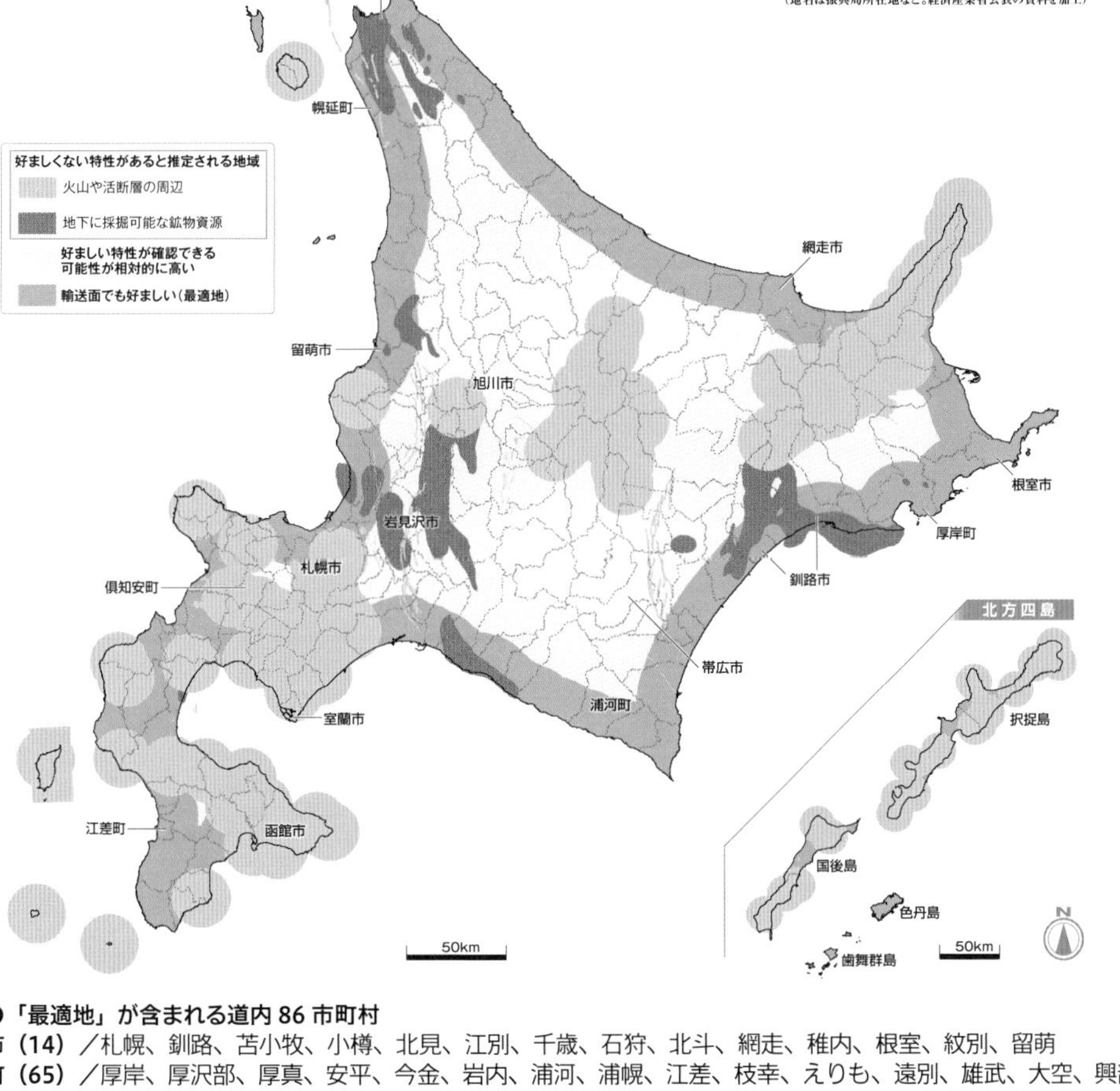

● 「最適地」が含まれる道内86市町村

市（14）／札幌、釧路、苫小牧、小樽、北見、江別、千歳、石狩、北斗、網走、稚内、根室、紋別、留萌

町（65）／厚岸、厚沢部、厚真、安平、今金、岩内、浦河、浦幌、江差、枝幸、えりも、遠別、雄武、大空、興部、長万部、乙部、小平、上ノ国、木古内、共和、釧路町、黒松内、小清水、様似、佐呂間、標茶、標津、斜里、白糠、せたな、新ひだか、寿都、大樹、月形、天塩、当別、苫前、豊浦、豊頃、豊富、中川、中標津、中頓別、新冠、ニセコ、羽幌、浜頓別、浜中、日高、平取、広尾、福島、古平、別海、北竜、幌延、幕別、増毛、松前、むかわ、八雲、湧別、蘭越、礼文

村（7）／赤井川、猿払、島牧、初山別、鶴居、泊、西興部

幌延 2019

核ごみ処分研究 28年度まで延長

高レベル放射性廃棄物（核のごみ）の地層処分を研究する日本原子力研究開発機構の幌延深地層研究センター（幌延町）は2019年8月2日、21年度以降の研究計画案を道と同町に提出した。1998年の当初計画で、01年から「20年程度」としていた研究期間を延長する方針を明記した。28年度までをめどとするが、再延長の可能性もある。

2日、同センターの山口義文所長が町役場、センター幹部が道庁をそれぞれ訪れ、計画案を提出した。山口所長は、研究延長の理由を「必須の課題の進捗を評価した結果、課題が残っている」と説明した。

機構によると、第4期中長期計画（22〜28年度）で地層処分技術の確立を目指し、最終年度近くに同センターでの研究終了の可否を判断する。研究の進展状況により、再び期間を延長する可能性があるとした。

同センターでは21年度以降、放射性物質の漏れを防ぐ人工バリアーの性能試験など、主に従来の研究を継続して行う。これまで同様に「放射性廃棄物は持ち込まない」としている。

計画案について、鈴木直道知事は「今後、幌延町とともに申

核ごみ処分　行き詰まり

「20年程度」の約束で始めた研究を10年ぐらい延ばしたい——。核のごみの処分技術の研究を巡って日本原子力研究開発機構が幌延町と道に申し入れたのはそういうことだ。背景には、同時並行のはずだった処分地選定がいっこうに進まず、研究だけ先に終われないという事情がある。

2001年に始まった幌延での研究は、実際の核のごみを持ち込まず、研究に期限を設ける約束でようやく実現した経緯がある。その前年に制定されたのが道の「特定放射性廃棄物に関する条例（核抜き条例）」だ。

一方、処分地の公募は02年に始まり、応募する自治体もあったが、住民の反対で頓挫した。国は11年春に複数の自治体に候補地になるよう申し入れる準備を進めたが、東京電力福島第1原発事故による逆風で断念した。

17年には処分の適地を示す「科学的特性マップ」を公表したが、処分地選定のメドは全く立たない。

こうした中で、処分地の地質に合わせて実験するには、候補地の絞り込みが進むまで幌延で研究を続ける必要があると原子力機構は説明。住民向けの説明会などで研究延長を示唆する発言を繰り返してきた。

これまでも、当初約束した「20年程度」の研究期間が何年までか、原子力機構は明言を避けてきた。今回も、なぜ延長する必要があるのか、何年まで延長するのか、明確ではない。単なる時間稼ぎに映る研究延長の申し入れは、核のごみを巡る政策の行き詰まりを象徴している。

【2019年8月3日掲載】

幌延深地層研究センター

し入れ内容を精査する」とコメント。野々村仁町長は「町議会議員に説明し、どのように協議していくか決める」と語った。町側は地域への経済効果などから研究継続を好意的に捉えており、地元が計画案を受け入れれば、道も容認する方向とみられる。

住民団体「核廃棄物施設誘致に反対する道北連絡協議会」は「20年程度で研究終了する約束を守るべきだ。ずるずると延長が続けば核のごみの最終処分場となる可能性が近づく」と反発している。

北海道における
特定放射性廃棄物に関する条例
（2000年10月制定、抜粋）

私たちは健康で文化的な生活を営むため、現在と将来の世代が共有する限りある環境を将来に引き継ぐ責務を有しており（中略）特定放射性廃棄物の持ち込みは慎重に対処すべきであり、受け入れ難いことを宣言する。

❷ 地下研究の終了時期　さらにあいまいに

高レベル放射性廃棄物（核のごみ）の処分技術の研究期間の延長を日本原子力研究開発機構が幌延町と道に申し入れて1カ月余り。2019年9月10日からは、町と道が延長の是非を検討する確認会議が始まった。研究は本来いつまでの約束だったのか、どれくらい延長したいと申し入れたのか。あらためてまとめた。

Q　もともと、いつからいつまでの約束だったの？

A　原子力機構が幌延深地層研究センターで研究を始めたのは2001年4月で、それから「20年程度」という約束だった。厳密に20年なら21年3月末までだが、機構幹部はこれまで「20年程度は20年程度としか言えない」「21、22年なら20年程度ではないか」などとあいまいに答え、はっきりいつまでと言うのを避けてきた。

Q　20年程度の根拠は？

A　1998年に原子力機構の前身の核燃料サイクル開発機構が作った計画に、研究期間は「20年程度」と明記されている。この計画に基づき、核のごみは持ち込まず、研究終了後は埋め戻す――などと定めた3者協定を機構と町、道が結んだ。

Q　そもそも、なぜ研究に期限をもうけたの？

A　幌延町が核のごみの関連施設誘致を表明した80年代以降、道内全体を巻き込んだ反対運動が起こり、すったもんだの末に、期限を切った核抜きの研究施設の開設を認めた経緯がある。ただ、当時を知る関係者も少なくなり、2014年には機構の理事が幌延町議との懇談で「埋め戻すのはもったいない」と発言し、問題になった。

Q　今回、機構はいつまで延長したいと言っているの？

A　計画案では「（28年度までの）第4期中長期目標期間を目途に研究開発に取り組む」としている。あくまでメドだ。そのうえで「技術基盤の整備の完了が確認できれば、埋め戻しを行うことを具体的工程として示す」と書いている。「確認できれば」という条件付きで、確認できなければ研究を続ける、とも読める。終了時期はますますあいまいになる。

激論の末「核抜き研究」に
くすぶる処分場誘致論

「原発のごみと言われるが、私はお金が入ってくる宝石プランだと思う」。1982年に幌延町内で開いた核のごみの関連施設に関する初の説明会で、当時の佐野清町長はこう発言している。

幌延町は当初、原発の誘致を目指したが、予定地の地盤が悪く断念。廃棄物の貯蔵施設を誘致する方針に切り替えた。旧科学技術庁長官も務めた、道東が地盤の故中川一郎衆院議員の発案だった。84年に、旧動力炉・核燃料開発事業団（動燃）の茨城県東海村の使用済み核燃料再処理施設でできる核のごみの搬出先の候補地に。建設費800億円とされた「貯蔵工学センター」計画だ。

誘致を目指した町に対し、当時の横路孝弘知事（83～95年）は反対を表明。道内全体を巻き込んだ反対運動が繰り広げられた。それでも動燃は85年に建設計画地で現地調査を強行。その日、11月23日は、今も毎年「幌延デー」として幌延で抗議集会が開かれている。

堀達也知事（95～2003年）も反対し、計画は頓挫した。動燃は福井県敦賀市の高速増殖原型炉もんじゅのナトリウム漏れ事故を過小に報告するなどで批判を浴び、1998年、旧核燃料サイクル開発機構に改組。貯蔵計画は白紙撤回し研究を優先することとし、研究期間を「20年程度」（2001年から開始）とする計画を作った。2000年に道と町との間で「幌延に放射性廃棄物を持ち込まず、将来も最終処分場としない」などとする3者協定を結び、01年に深地層研究センターを開設した。

ただし「核抜き」のこの研究についても、2000年に道が地元8市町村に行った意向調査で「推進」と回答したのは幌延町だけ。宗谷管内の猿払村と浜頓別町が「反対」、稚内市など5市町が慎重な対応を求めた。

研究開始後も、より地元にお金が落ちる処分場の誘惑は消えなかった。11年の東京電力福島第1原発事故の直前には、町内の商工業者らが誘致に動いた。14年には幌延町議との懇談で、原子力機構の当時の担当理事が「（坑道を埋め戻すのは）もったいない」と発言し、物議を醸した。

＊

「幌延問題」に当初からかかわり、その経緯をつぶさに見てきた人たちは深地層研究センターの研究期間延長が議論されている現状をどうみるか。旧動燃で長く核のごみを担当し、今も専門家として国やNUMOの説明会の講師などを務める坪谷隆夫さん＝東京在住＝と、1983年から2007年まで幌延町議を務め、反対運動の先頭に立った町内の酪農業、川上幸男さんに聞いた。

機能充実させて存続を

坪谷隆夫さん＝元動燃理事

1985年の立地調査では処分地にするため調査するんだろうと反対されたが、当時の動燃にそんなつもりはさらさらなかった。国策に従った一時貯蔵と研究のための施設。「なんで怒られるの？」という感じだった。

その後、貯蔵より研究が大事だということで、98年に深地層の研究一本で頑張る方向に変わった。幌延は塩漬けにして曖昧なまま残す選択肢もあったが、研究の必要性がそれを打ち消した。地元からも「何も進まないよりは何かが進んだほうがいい」との声が出た。その結果できたのが、今の地下研究施設だ。

研究期間の延長案に対して一部で反対の声があることには違和感を覚える。なぜこの研究だけ期限を設けないといけないのか。きっちり研究を終えずに「20年たったのでやめます」と

郵便はがき

料金受取人払郵便

札幌中央局
承認

6262

差出有効期間
2022年12月
31日まで
(切手不要)

060-8751

672

(受取人)
札幌市中央区大通西3丁目6

北海道新聞社 出版センター

愛読者係
行

お名前	フリガナ
ご住所	〒□□□-□□□□　都道府県
電話番号	市外局番(　　　)　—
年齢	
職業	
Eメールアドレス	
読書傾向	①山 ②歴史・文化 ③社会・教養 ④政治・経済 ⑤科学 ⑥芸術 ⑦建築 ⑧紀行 ⑨スポーツ ⑩料理 ⑪健康 ⑫アウトドア ⑬その他(　　　)

★ご記入いただいた個人情報は、愛読者管理にのみ利用いたします。

愛読者カード

北海道新聞が伝える 核のごみ 考えるヒント

〈本書ならびに当社刊行物へのご意見やご希望など〉

■ご感想などを新聞やホームページなどに匿名で掲載させていただいてもよろしいですか。（はい　いいえ）

■この本のおすすめレベルに丸をつけてください。

高（ 5・4・3・2・1 ）低

〈お買い上げの書店名〉

都道府県　　　市区町村　　　書店

言うほうが、よほど信頼を失うのではないか。

核のごみの処分は非常に息の長い事業で、人材育成がとても大事になる。研究だけでなく見学や学習の機能を充実させて施設を存続させるべきだ。私は冷涼で安定した地下空間を生かし、データセンターとして使うべきだと提案している。せっかく造った地下施設を有効活用してほしい。

川上幸男さん＝元幌延町議、酪農業

研究自体すべきでない

酪農のまち幌延で、まちづくりをするために核のごみの関連施設を誘致するなんて許せないと考え、1980年代から反対し続けてきた。実際の核のごみは持ち込まないとしても、研究自体、ここですべきではないと考えている。

80年代、当時の町長は、核のごみがどれくらい危ないものか全く分からないまま、企業誘致のつもりで関連施設を誘致した。町長がやると言ったら反対しづらい雰囲気があった。農協の中でもいろんな意見があったが、表立って反対と言える人は少なかった。町議会も、私が初当選した当初は3人の反対派がいたが、やがて反対するのは私1人になった。

80年代に動燃が町民に配った貯蔵工学センターの説明資料には、核のごみの放射線の危険には一切触れずに、土壌や品種改良ができる、核のごみが出す熱を利用して温水プールやロードヒーティングができると書かれていた。「ふざけるな」と腹が立った。

町にすれば、研究をやめて原子力機構の職員がみんな去ってしまったら、過疎が一段と進んで大変だという危機感があるのは分かる。しかし、仮に研究期間を延長するにしても、もう少しきちんと議論すべきだ。このままでは、いつのまにか延長されていたということになりかねない。

【2019年10月3日掲載】

幌延町と核のごみを巡る主な経緯

1980年11月	佐野清町長と町議全員が東京電力福島第1原発など本州の原子力関連施設を視察
81年 1月	幌延町議会が原子力関連施設誘致を決議
82年 3月	佐野町長が放射性廃棄物施設の誘致を表明
84年 7月	町議会が貯蔵施設の誘致促進を決議
8月	動燃が貯蔵工学センターの概要公表
85年11月	動燃が現地調査を強行
86年 4月	旧ソ連・チェルノブイリ原発事故
89年 6月	北海道電力泊原発1号機が営業運転開始
90年 7月	道議会が貯蔵工学センター設置反対決議
95年12月	動燃の高速増殖炉もんじゅでナトリウム漏れ事故
97年 3月	動燃の使用済み燃料再処理施設で爆発事故
98年 2月	科学技術庁が貯蔵工学センター計画を撤回
10月	動燃が核燃料サイクル開発機構に改組。研究期間を「20年程度」と明記した「深地層研究所（仮称）計画」を提出
2000年 5月	核のごみの地層処分を定めた特定放射性廃棄物最終処分法が成立
8月	道内9カ所で「道民の意見を聴く会」開催
10月	放射性廃棄物は「受け入れ難い」との道条例可決。処分主体となるNUMOが発足
11月	道と幌延町、核燃機構が3者協定締結
01年 3月	幌延での研究開始
4月	幌延深地層研究センター開所
02年12月	NUMOが処分候補地の公募を開始
05年 4月	同センター建設工事着手
10月	核燃機構と日本原子力研究所を統合再編し日本原子力研究開発機構設立
07年 1月	高知県東洋町が候補地に応募、その後撤回
11年 3月	福島第1原発事故
12年 1月	同センター地下で掘削中の立て坑が地層処分の対象となる300メートルに到達
14年 4月	原子力機構の担当理事が幌延町議との懇談で「（埋め戻しは）もったいない」と発言
15年 1月	同センターで模擬廃棄物の埋設試験開始
17年 7月	国が候補地になり得る場所を地図上で示す「科学的特性マップ」を公表
19年 8月	原子力機構が研究期間の延長を申し入れ

1 85年11月に現地調査を強行した動燃は翌86年8月末にも調査を行った。写真は同年9月1日、阻止しようとする人たちの上空を資材を積んで飛ぶヘリコプター

2 核燃機構が98年に道や町に提出した「深地層研究所（仮称）計画」。研究期間について「20年程度」と明記している。この計画に基づき3者協定が結ばれた

3 幌延深地層研究センターに隣接する地層処分実規模試験施設の核のごみの模型。展示開始から約10年、ステンレス製容器の表面は茶色くさびていた＝9月16日

幌延—処分技術も研究
瑞浪—「地層科学」のみ

原発の高レベル放射性廃棄物（核のごみ）の地層処分を研究する日本原子力研究開発機構は、幌延深地層研究センターの研究期間の延長を申し入れる一方で、岐阜県瑞浪(みずなみ)市の施設は研究を終了し、施設を埋め戻すことを決めた。なぜ岐阜はやめ、道内で続けるのか。瑞浪と幌延、そして原子力機構の本部のある茨城県東海村を訪ね、それぞれの役割や位置付けをまとめた。

＊

「ここの研究対象はあくまで『自然』です」。2019年10月中旬に訪れた瑞浪超深地層研究所で、小出馨副所長がそう説明した。

簡易エレベーターで5分、さらに92段のらせん階段を下りると、地下500メートルの水平坑道がある。ここで岩盤の強度や地下水の流れ、水質などを調べている。

岩石の割れ目から水が滴り、放っておくと水没する。このため瑞浪では1日約800トンの地下水をポンプでくみ上げている。

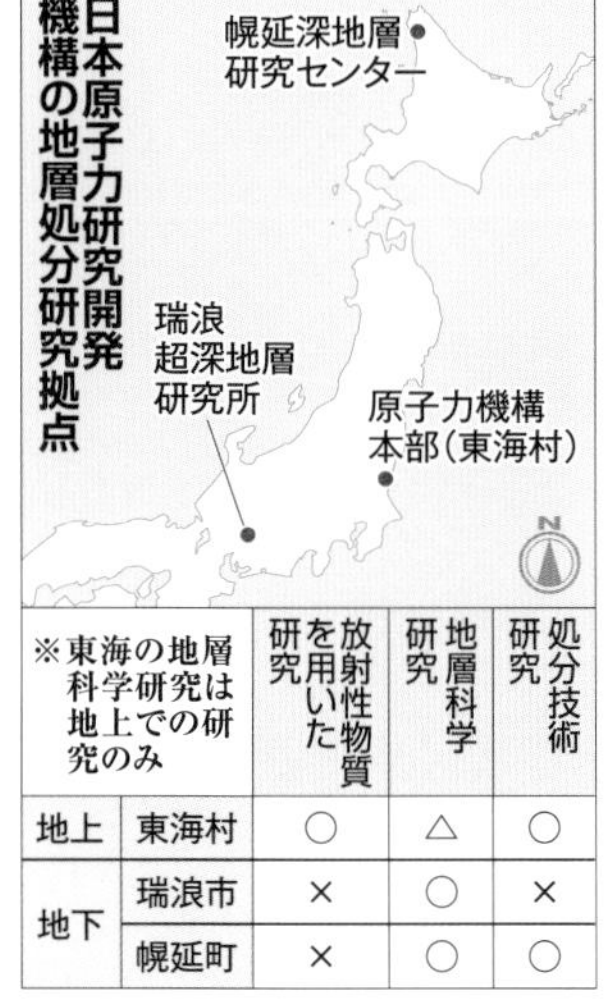

		処分技術研究	地層科学研究	放射性物質を用いた研究
地上	東海村	○	△	○
地下	瑞浪市	×	○	×
	幌延町	○	○	×

※東海の地層科学研究は地上での研究のみ

深地層の上に「超」が付く瑞浪の研究所は当初地下千メートルまで掘る計画だったが、研究の遅れもあり、500メートルまでとした。19年度で研究を終了し、22年1月までに埋め戻す。伊藤洋昭所長は「研究すべき課題を絞り込んで成果を上げた」と話した。

模擬廃棄物を埋設

日本の地下は、マグマが冷え固まった花こう岩などの結晶質岩層と、土砂が押し固まった比較的軟らかい堆積岩層に分かれる。核のごみの処分場は全国で1カ所だけ造る計画。処分地がどちらの地層になっても対応できるようにと、瑞浪で結晶質岩、幌延で堆積岩を対象に研究を行ってきた。

瑞浪と幌延、最大の違いは瑞浪が「自然」を相手にした地層科学研究だけなのに対し、幌延は核のごみの処分技術も研究する点だ。

幌延では15年から地下350メートルの坑道で模擬廃棄物の埋設試験を開始した。埋設時でも100度近い熱を持つ核のごみに見立てたヒーターを、実物大の鋼鉄製容器や特殊な粘土でくるんで埋め、周囲の岩盤や地下水への影響、鋼鉄の腐食具合などを調べた。物質が地下水でどう運ばれるかなども研究している。

放射性物質は東海

二つの地下研究施設を束ねるのが東海村の本部にある地上の研究施設。瑞浪と幌延で禁じられている放射性物質を用いた研究を行えるのが一番の特徴だ。

放射性物質を扱う東海村の試験室＝2019年10月17日

瑞浪超深地層研究所の地下500メートル坑道＝2019年10月15日

「ほとんど酸素のない地下深くで放射性物質が水に溶け出す割合や粘土にくっつく割合などを調べている」と亀井玄人基盤技術研究開発部長が説明した。ガラス越しに見た試験室の透明な箱の中にはセシウムやネプツニウムなどの放射性物質が入っているという。

東海では、幌延で行う模擬廃棄物のミニチュア版試験も地上の施設で行った。

原子力機構の地層処分を担当する部門の副部門長を務める清水和彦・幌延深地層研究センター前所長は「地下の現場と地上の実験室の研究成果を合わせて確認していくために、幌延と東海の連携はこれからも重要だ」と話した。

当初は共に「20年程度」

瑞浪超深地層研究所は1996年に、幌延深地層研究センターは2001年に、いずれも「20年程度」の計画で研究を始めた。

日本原子力研究開発機構は20年度以降の研究計画案で、瑞浪も幌延もともに「おおむね適切に研究が遂行された」とする同じ文言の外部専門家の評価を紹介したうえで、瑞浪は「研究開発を終了する」、幌延は「引き続き研究開発が必要と考えられる課題に取り組む」と正反対の結論に導いた。

瑞浪では、当初予定した機構の所有地が地元の反対で使えず、市有地を借りて研究を行った。研究計画案では、その貸借期限の22年1月までに坑道を埋め戻す工程表を示した。

一方、機構の所有地で行う幌延での研究には、当初計画に記した「20年程度」以外、期限がなかった。

道、幌延町と結ぶ3者協定にも「研究終了後は埋め戻す」とあるだけで、研究終了時期は書かれていない。延長を申し入れた今回の研究計画案でさらに期限があいまいにされた。道と町が延長の是非を検討する確認会議で、機構は将来の再延長の可能性にも言及している。

● 地層処分とその深さ（NUMOと原子力機構の資料から作成）

ガラス固化体 約45センチ 約130センチ / 鋼鉄製の容器（オーバーパック） / 特殊な粘土（ベントナイト） / 地下300メートル以深 / さっぽろテレビ塔（147メートル） / 東京タワー（333メートル） / 幌延町 / 東京スカイツリー（634メートル） / 岐阜県瑞浪市 / -100 -500 -1000（メートル） / （■は現在の最深部）

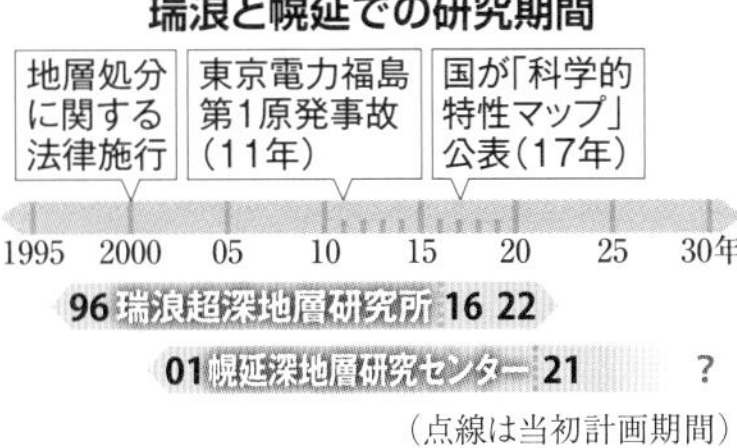

研究だけ先に終われない

核のごみの地層処分を巡っては、瑞浪と幌延で約20年前から研究が続く一方で、実際に処分する場所は見つかるメドが立たない。日本原子力研究開発機構が幌延の研究延長を申し入れる背景には、処分地が決まらない中で研究だけ先に終われないという事情がある。

処分地の選定では、自治体が手を挙げるのを待つ公募方式が02年に始まり、07年に国が自治体へ申し入れる方式を加えた。17年には国が処分の適地を示す「科学的特性マップ」を公表した。だが、候補地を絞り込むまでは幌延で研究を続けるのではという見方が強い。

【2019年11月7日掲載】

計画35年 4人の知事は……

幌延深地層研究センターの研究期間の延長に関する道と幌延町の確認会議が2019年11月に終了し、鈴木直道知事は、道民の意見や開会中の道議会の議論を踏まえてその是非を判断するとしている。1984年に旧動力炉・核燃料開発事業団（動燃）が原発の高レベル放射性廃棄物（核のごみ）を搬入する貯蔵工学センター計画を公表してから35年。この間、鈴木氏まで4人の知事が「幌延問題」と向き合ってきた。延長を認めるかどうか、知事の判断が注目される今、歴代の知事を訪ねた。

鈴木直道氏

意見踏まえ判断――鈴木氏

「3者協定の順守を前提に道の方針を判断したい」。11月22日の定例記者会見で鈴木氏はそう述べた。3者協定は2000年、道と幌延町、日本原子力研究開発機構（原子力機構、当時は核燃料サイクル開発機構）が結んだ。核のごみを持ち込まず、研究終了後は埋め戻すことを定めている。

今回、原子力機構が出した計画案も3者協定の順守をうたっている。だが、当初の計画で「20年程度」とした研究期間を延長するに当たって、終了時期をあいまいにした。記者は、仮に延長を認めるにしても、せめて期限を明記するべきだと考えている。だから会見で何度も聞いた。

――計画案に期限が書かれていると思いますか。

――期限を示すよう原子力機構に求める考えは。

これに対し鈴木氏は「さまざまなご意見を踏まえて方針を判断する」との回答を7回繰り返した。問いと答えがかみ合わないまま「それ以上、今この時点で申し上げることは差し控えたい」。

会見後、鈴木氏は記者に「おっしゃってる意味は分かっています」と話した。

高橋はるみ氏

「立場を離れた」――高橋氏

東京・永田町の参院議員会館でインタビューした高橋はるみ氏は「延長して行う研究の中身との関係において、どれくらいの期間を想定するかというのは十分議論すべきでしょうね。その上で鈴木知事は判断されるべきだと思います」と語った。

センター開設後の03年に知事になった高橋氏。4期16年の任期中、幌延問題は「あまり動きがなかった」。ただこの間、11年3月に東日本大震災と東京電力福島第1原発事故が発生。同年8月には、当時定期検査で止まっていた北海道電力泊原発

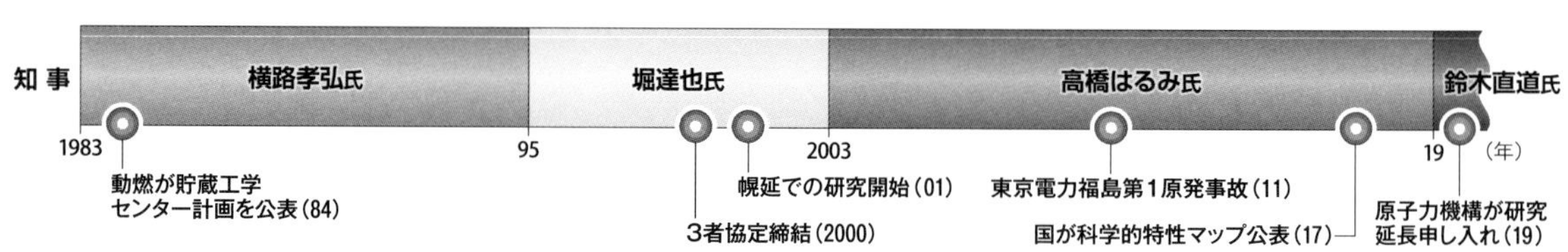

（後志管内泊村）の再稼働に知事として同意した。17年には国が、核のごみの処分に適した場所を示す科学的特性マップを公表し、道内も86市町村を最適地に分類した。

道には、核のごみを「受け入れ難い」と宣言する都道府県で唯一の条例がある。道内の自治体が処分候補地になった場合どう対応するか、知事時代、高橋氏に何度も記者会見で聞いたが、いつも「仮定の話には答えられません」とかわされた。今はどう考えるか。「もう私は（知事の）立場離れましたんでね、あまり無責任なことは言わないほうがいいと思います」と高橋氏は笑顔で答えた。

20年で「けじめ」――堀氏

条例も3者協定も、作ったのは鈴木、高橋両氏と違い当初、非自民系だった堀達也氏の知事時代だ。道内に核のごみの処分場ができないよう「四重、五重の防御措置を取った」うえで幌延深地層研究センターの開設を認めた。当時は道議会や道内選出の自民党国会議員から「強いプレッシャーがあった」と振り返る。

「研究の必要性まで完全に否定することはできなかった」と言う堀氏の判断には、北電泊原発が影を落とす。核のごみは原発で使い終えた核燃料からできる。1989年に泊1号機、91年に2号機が運転を始めており、道内にも核燃料が搬入され、核のごみと無縁ではなくなっていたのだ。

今回の研究延長の議論について、堀氏は「ちょっと、だらしないと思う」と言う。「申し入れるほうもそうだけど、受けるほうも、手続きを慎重にしないと」。2000年にセンター開設を認める前は、道内9カ所で「道民の意見を聴く会」を開き、幌延周辺7市町村にも副知事が説明に回った。3者協定は国も立会人に加えた。「まず道としての基本的な考え方を示すべきだ」

堀達也氏

堀氏が最も問題視するのは、当初計画に20年程度と明記された研究期間が軽視されている点だ。「おかしいよ。こっちが20年で、と言ったんでない。向こうが言ってきた約束なんだから」。そう語ったうえで「20年の約束は重い。いったん整理して、けじめをつけるべきだ」と強調した。

終わりにすべき――横路氏

83～95年の知事で、衆院議長も務めた横路孝弘氏も「延長は認めないで終わりにしたほうがいい」と話す。

原子力機構が運営するもう一つの地下研究施設、瑞浪超深地層研究所が2022年1月までに埋め戻されることを挙げ、「幌延だけ期限なしに研究を続けたら、いつか処分地になる」と懸念を示した。

動燃が幌延の貯蔵工学センター計画を公表したのは、横路氏が知事になった翌年のことだ。どう判断するか。議会でも問われる。当時は動燃の職員が自民党の控室に来て質問を作った。道幹部が準備した答弁書の原案は、調査、検討した上で判断する、といった内容だったが、横路氏は計画への反対を明言することにした。「『検討してから』とか言うと、相手が期待するからダメだと思った」

横路孝弘氏

「貯蔵工学センターは一時貯蔵施設であって最終処分場ではない」と動燃は説明した。だが、なし崩しに処分場になるとの懸念が拭えなかった。「『穴を掘るのを認めてはいけない』と専門家に何度も言われてね。『一度掘ってしまうと、そこがずっと狙われる』と。その通りだと思うんです」

後継の堀氏が、研究に限定したとはいえ「穴を掘る」のを認めたことについては、「政治の綱引きの中で妥協せざるを得なかったんでしょ」とだけ述べた。

最後に聞いた。元知事として今の知事はどう判断すべきだと思いますか――。「千年万年後の北海道のこと、未来の道民のことも考えて判断してもらいたい」

【2019年12月5日掲載】

日本海に面した寿都町。核のごみの最終処分場選定の文献調査に応募を検討している＝ 2020 年 8 月 13 日（北海道新聞社ヘリから）

村役場などがある神恵内村中心部。日中でも人通りは少ない＝ 2020 年 9 月 15 日

寿都町が独自に展開する陸上風力発電事業

夕暮れの神恵内村。日本海に沈む夕日は「恋する夕日」として観光資源の一つだ＝2020年9月9日（北海道新聞社ヘリから）

寿都・神恵内 2020

寿都町が調査応募検討
町長「財政見据えた」

高レベル放射性廃棄物（核のごみ）の最終処分場選定の第1段階となる文献調査に、寿都町（すっつ）☝が応募を検討していることが2020年8月12日、分かった。北海道新聞の取材に対して片岡春雄町長は「将来の町の財政を見据え、住民の意見を聞いて判断する」と話し、調査に伴い交付金が支給されることなどを理由に挙げた。8月下旬に開催予定の町民意見交換会の内容を踏まえ、9月にも方針を決める。

17年に、処分に適した場所を示す「科学的特性マップ」を国が公表した後、自治体が調査への応募検討を明らかにしたのは寿都町が全国で初めて。07年には高知県東洋町が処分場候補地に応募したが、住民の反発で撤回した。北海道には都道府県で唯一、核のごみを「受け入れ難い」とする条例☝もあり、寿都町の対応は議論を呼びそうだ。

寿都町は、科学的特性マップで大部分が処分適地とされた。町は19年度から国のエネルギー政策に関する勉強会を町内で開催。20年6月からは毎月、原子力発電環境整備機構（NUMO）による核のごみ地層処分の勉強会を開いてきた。

片岡町長は応募検討の理由として、文献調査を受けると最大20億円の交付金が出ることによる財政改善を挙げる。町は8月下旬に予定する町民との意見交換会の内容を踏まえ、9月中旬までに方針を決めるという。片岡町長は「合意を得られるのであれば突っ込んで話をしていく価値はある」と話す。

仮に文献調査を受けた場合、その後の最大計70億円の交付金が出る概要調査や精密調査の受け入れや処分場の誘致について、片岡町長は「現段階では全く決まっていない。NUMOからは、住民の意見を聞いて反対であれば次の調査には進まないと説明を受けている」としている。

【2020年8月13日掲載】

寿都町「検討」に衝撃
道の条例　強制力なし

寿都町が原発から出る高レベル放射性廃棄物（核のごみ）の最終処分場選定の文献調査に応募を検討していることについて、道は8月13日、「寿都町の考えを確認する」と表明した。核のごみを「受け入れ難い」とする都道府県唯一の「核抜き条例」を持つにもかかわらず、道が及び腰なのは、核抜き条例の法的拘束力が乏しいためだ。最終処分場誘致につながりかねない動きについて、周辺自治体には驚きが広がり、住民団体からは憤りの声が相次いだ。

鈴木知事は13日、寿都町の片岡町長が応募検討していることに関し、コメントを発表した。知事は核のごみの道内持ち込みを「慎重に対処すべきであり、受け入れ難い」とした「特定放射性廃棄物に関する条例（核抜き条例）」の順守を強調、「道内に処分場を受け入れる意思がないとの考えに立つ」と表明した。

だが、道は現段階で寿都町に翻意を求めるといった具体的な対応の検討に至っていない。

「町の姿勢確認」

核抜き条例は、幌延深地層研究センターの受け入れにあたり、2000年に制定された。核のごみを「持ち込ませない」とする民主党（当時）と「慎重に対処する」という自民党の政治的妥協で作られた。明確な持ち込み禁止ではなく、当初から実効性は疑問視された。道幹部は「条例は道の姿勢の宣言で、法的強制力はない。まずは町の姿勢を確認する」と説明した。

核のごみの地層処分について定めた「特定放射性廃棄物の最終処分に関する法律」では、文献調査の次の段階となる概要調査の前に、知事意見を表明する手続きがある。道庁内では「処分場を容認することになるなら条例改正が必要では」との声も出ている。

立憲民主党道連は13日、反対声明を発表し、道議会会派の民主・道民連合と合同で対策本部を立ち上げた。ベテラン道議は「周辺市町村を巻き込み反対の機運を盛り上げていく」と語った。

片岡春雄町長

驚く周辺自治体

後志管内の市町村からは突然の表明に驚きの声が広がった。寿都から約70キロに位置し、11万3千人超が住む小樽市の迫俊哉市長は「驚いた。同じ後志圏としてはわれわれの意見も聞いてほしい」と再考を促す考えを示した。寿都の隣町・蘭越町の金秀行町長は「安全性や町民の意見などを確認していく必要がある」と話す。

核のごみ最終処分地選定のための科学的特性マップ

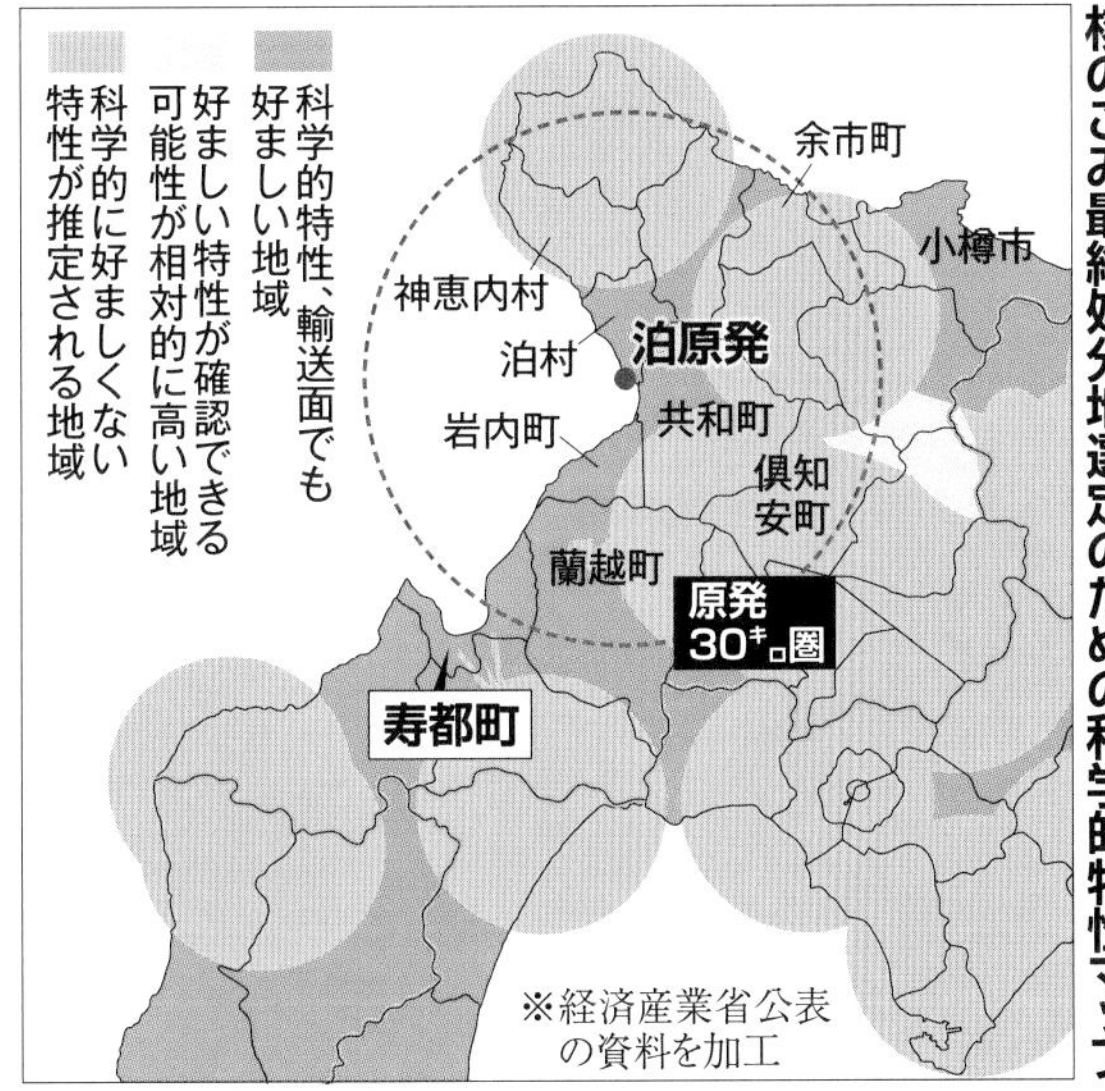

北海道電力泊原発を抱える泊村の高橋鉄徳村長は「核燃料サイクルは国策で、重要性は認識している。推移を注視したい」と述べた。

市民団体批判「子孫に残せぬ」

核のごみの地層処分に反対してきた道内の市民団体などからは、批判や懸念の声が上がった。

「道内に処分場ができるような動きは断固反対だ」。核のごみの地層処分を研究する幌延深地層研究センターの反対運動を続ける市民団体「核廃棄物施設誘致に反対する道北連絡協議会」代表委員の久世薫嗣さんは、そう語気を強める。

幌延町の隣の宗谷管内豊富町で酪農を営む久世さんは、30年以上反対運動に携わってきた。「核のごみは放射線量が安全とされる水準に下がるまで10万年かかると言われる。そんなものを子孫が生きていく大地の下に置くことは許されない」

北海道平和運動フォーラム（札幌）は、政府が17年に地層処分に適した地域を示した「科学的特性マップ」を公表して以降、適地とされた各市町村の議会に「処分場を受け入れない」とする意見書の決議を働きかけてきた。佐藤環樹代表は「誘致の動きだけでも、食や観光など、道内産業に風評被害が出かねない」と懸念する。

札幌市豊平区の富塚とも子さんは、東京電力福島第1原発事故後に、食品や土壌などに含まれる放射性物質を測定する市民放射能測定所「はかーる・さっぽろ」を開設し、データを公開してきた。富塚さんは「核関連施設は、事故が起これば甚大な被害が出る。地域にお金を呼び込むために取る手段ではない」と訴えた。

【2020年8月14日掲載】

07年応募の自治体に撤回要求――

橋本大二郎元高知県知事に聞く

地域で議論できる仕組みを

寿都町が高レベル放射性廃棄物（核のごみ）の処分候補地への応募を検討している問題で、巨額の交付金をちらつかせる国を鈴木直道知事は「頬を札束でたたくようなやり方」と批判した。同じ言葉を2007年に使ったのが、全国で唯一、候補地選定の第1段階の文献調査に応募した高知県東洋町に撤回を求めた当時の高知県知事、橋本大二郎さんだ。寿都の問題をどう見るか。橋本さんに話を聞いた。

はしもと・だいじろう　1947年東京都出身。慶応大卒。NHKの記者、キャスターを経て、1991～2007年に高知県知事を務めた。兄は故橋本龍太郎元首相

――鈴木知事は候補地選定の2段階目の概要調査には反対すると言い、核のごみを「受け入れ難い」とする道条例の順守を求める一方で、20年8月21日の記者会見でも、文献調査に応募しないようには明確に求めませんでした。どう見ますか。

法律上、知事の意見が反映されるのは概要調査の前からです。現時点で知事が止める権限はない。道条例も、明確に受け入れを拒否しているとは言いがたい。知事が曖昧な言い方になるのはやむを得ないでしょう。一方で（2年以上先の）概要調査への反対を明言し国に盾つけば、道議会でも自民党会派から問題視されるはずです。それを覚悟で言っているのは、それなりに反対する姿勢を示しているのではないかと思います。

――法的権限がなくても、橋本さんは東洋町や国に応募の撤回や応募を受け付けないよう訴えました。

あの話が進めば、東洋町内は蜂の巣を突いたような騒ぎになったでしょう。南海トラフ地震による津波の危険性が指摘される東洋町のような場所に処分場が造れるはずがないのに、文献調査に着手したという国側の実績作りのためだけに、静かな町に混乱を持ち込まないでほしいと思いました。町のためにも県のためにも、いったんあの動きを止めるべきだと考え、知事の立場で町や国に伝えたのです。鈴木知事も、しかるべき時期が来れば同じように動くのではないでしょうか。

――東洋町以降、一つの自治体も応募していない現状をどう見ますか。

財政難の自治体の弱みにつけ込み、文献調査に応募すれば何もしなくても（2年間で最大）20億円交付されるという札束で

頬をたたくようなやり方は何も変わっていません。結局カネ次第なのか、という話になってしまう。

処分場はどこかに造らないといけないのだから、もっと地域できちんと議論できる仕組みをつくる必要があります。

――寿都町周辺の自治体からは応募に反対する声が上がっています。

当然でしょう。周辺の自治体には風評被害などトラブルだけが持ち込まれることになるんですから。

――道民はこの問題とどう向き合えばいいですか。

国は、人口密度が低く（核のごみを搬出する）青森県六ケ所村にも近い北海道が処分地として合理的と考えているでしょう。何より道内には「幌延」と「泊」がある。なので、核のごみの問題は、北海道として今後も背負い続けざるを得ないと言えます。北海道の皆さんには、いつ自分のまちに降って湧いてもおかしくない問題として、この問題に関心を持ってほしいと思います。

【２０２０年8月23日掲載】

ニュース虫めがね ３

寿都町「特性マップ」公表後 全国初の応募

高レベル放射性廃棄物（核のごみ）の最終処分場選定調査についてまとめた。

Q　核のごみとは。

A　原発の使用済み核燃料を再処理した後に出る放射能の極めて強い廃棄物だ。ガラスと混ぜ固め、地下３００メートルより深くに埋める計画だ。処分場を国内で1カ所造るため、北海道電力など原発を持つ電力会社の出資する原子力発電環境整備機構（ＮＵＭＯ）が２００２年から候補地を公募している。

Q　過去の応募は。

A　唯一応募したのが高知県東洋町だ。07年1月に当時の町長が応募したが、県知事はじめ町内外から反対が相次ぎ、町議会は町長の辞職勧告を可決。3カ月後の町長選で当選した反対派の町長が応募を撤回した。

Q　応募が決まればそれ以来？

A　そうだ。ＮＵＭＯによると02年以降、青森県東通村や鹿児島県南大隅町など道外15自治体で応募検討の動きがあったが、住民の反発などで立ち消えになった。道内でも夕張市や幌延町、オホーツク管内興部町で、住民が自治体に働きかけたが、自治体は動かなかった。寿都の場合、町が自ら応募を検討している点が大きい。

Q　なぜ検討するんだろう。

A　片岡春雄町長は町財政への恩恵を挙げている。第1段階の文献調査に応じただけで最大20億円が交付される。候補地公募が難航したため、交付金は07年度に従来の約5倍に相当する現在の金額に引き上げられた。国が17年に公表した処分に適した場所を示す「科学的特性マップ」では、寿都町内は大部分が適地とされた。マップ公表後、応募の検討を表明したのは寿都町が全国で初めてだ。

Q　実際に応募するのだろうか。

A　分からない。住民の意向を踏まえて20年9月中に判断するとしているが、曲折がありそうだ。仮に文献調査に応募した場合でも、国の資料では「（地元が）反対する場合は先に進まない」と赤字で強調され、地上から掘削して行う第2段階の概要調査の前に地元の意向でやめることができるとされてはいる。寿都を巡る動きは、今後の処分地選定の行方を占う試金石になりそうだ。

【２０２０年8月14日掲載】

神恵内も応募の動き
商工会、議会に請願

原発から出る高レベル放射性廃棄物（核のごみ）の最終処分場選定に向けた文献調査について、後志管内神恵内村（かもえないむら）の神恵内村商工会（上田道博会長）が、村の応募検討を求める請願を村議会に提出していたことが2020年9月10日、分かった。15日開会の定例村議会で審議される見込みで、村は採択されれば検討を始める見通しだ。国が17年に処分に適した場所を示す科学的特性マップを公表した後、応募検討に向けた動きが明らかになるのは、8月に表明した寿都町に次いで全国2カ所目。

神恵内村は北海道電力泊原発に関し、北電、道と安全協定を結ぶ立地自治体。原発の立地自治体で応募検討の動きが表面化するのはマップ公表後、全国初。

関係者によると、商工会は7日開催の臨時総会で、村による応募検討を求める内容の議案を可決、その後、村議会に請願したという。村議でもある上田会長は北海道新聞の取材に「議案の内容は言えない。神恵内のため。将来の経済を考えた」と話した。寿都町による応募検討の動きとは「関係ない」とした。

村議会の定数は8。定例会は15〜17日まで3日間開かれる。伊藤公尚議長は「一切コメントしない」としている。商工会の請願について高橋昌幸村長は「議会での議論を見守り、結論が出た後に村としての判断を出したい」と話した。

科学的特性マップでは、泊村に接する神恵内村南部の一部を除き、大半が不適地と区分されている。

北海道新聞社が8月に行ったアンケートでは、文献調査への応募の意思について、高橋村長は「現時点ではない」としたうえで、「原発立地町村として重大な案件。国民として対処しなければならない問題。今後のことは分からない」としていた。

【2020年9月11日掲載】

政府が発表した科学的特性マップ

神恵内村
北電泊原発
寿都町
適地
最適地
不適地

※経済産業省公表の資料を加工

神恵内村の高橋昌幸村長

「風評被害避けられぬ」／進む疲弊　交付金に魅力

原発から出る高レベル放射性廃棄物（核のごみ）の最終処分場選定に向けた文献調査について、神恵内村でも応募検討を求める動きが明らかになった9月11日、村内では「風評被害が避けられない」などと不安が広がった。

一方、村財政への危機感から交付金が見込める応募を容認する声も目立つ。北海道電力泊原発から約15キロの距離にある原発立地自治体の村の住民たちは、それぞれの立場で地域の将来を考え、揺れた。

「原発が近くにあるので『核』は身近なものだが、福島第1原発の事故で風評被害が続くのを知って考えが変わった。子どもや孫のことを考えると反対」。村内の自営業の70代女性は言葉を選びながら話す。

村の中心部に住む60代女性は「充実していると言われる住民サービスは、原発関係の交付金のおかげ。働く場が少ない村では、地域振興策は原発関連以外に思い当たらない。どうすれば

日本海に面する神恵内村の中心部＝2020年9月11日

良いのか」と困惑した。

泊原発がある泊村に隣接する神恵内村は、原発政策を支える立地自治体として国から多額の交付金を支給されてきた。19年度には、泊原発1号機の運転開始30年に伴う国からの交付金約2億7300万円を全額、村営保育所の移転新築事業に充てた。「疲弊する地域が、国策の最終処分の調査に協力して交付金を受け取るのは当然」（漁協組合員）など、文献調査への応募を容認する声は少なくない。

村内の70代男性は、寿都町が8月に応募検討を表明した際、「先を越されたと思った」という。ただ、男性は泊原発の建設当時を振り返り「補償はあっても一時的なものだった。でも、核のごみは半永久的に残る。村の将来と比較すると、軽々しく賛成と言えない思いもある」と複雑な心境をのぞかせた。

村の人口は道内で2番目に少ない823人（20年8月末）。人口減は急速に進み、交付金があっても将来の財政運営は楽観視できない。今春には村営温泉が閉館。神恵内村商工会関係者によると、大幅な赤字続きで、給湯パイプの修理費用を賄えなかったことが要因だったという。この関係者は「文献調査に応募するだけで20億円がもらえるなら、手を挙げる自治体はほかにも出てくる」と話す。

村内で観光業を営む70代男性は、5年ほど前には村内に最終処分場を誘致する動きがあると聞いていた。「核のごみの問題は、交付金を受けてきた村はもちろん、電力を使ってきた国民全体でいつかは解決しないといけない」としつつ、国の責任をこう指摘した。「最初に最終処分場を決めるべきなのに、原発をどんどん造ってしまった。あまりに無策だ」

【2020年9月12日掲載】

私は考える 2

動きだしたら止まらぬ

伴英幸さん＝原子力資料情報室共同代表

寿都町は応募すべきではない。いったん調査に入ってしまえば後戻りできない。国策は動きだしたら簡単には止まらない。

文献調査に応じると交付される年10億円（2年で最大20億円）もの金が一度入れば、小さな町はそれがなくなることを恐れ、ずるずると次の段階に進むだろう。

国も原子力発電環境整備機構（NUMO）も、せっかく現れた候補地をおいそれとは手放さない。

国は、地元が反対すれば次に進まないと言うが、それは諦めるということではない。知事や町長がたとえ断っても「うん」と言うまで説得するということだ。

道には核のごみを「受け入れ難い」とする都道府県で唯一の条例がある。町民も道民も、条例の重みを認識して明確に応募に反対する意思を示すべきだ。

特に条例に責任を持つ知事は、絶対に道内自治体を候補地にさせないという毅然とした態度を取る必要がある。

【2020年8月16日掲載】

海外では 北欧で決定 米は白紙撤回

寿都町と神恵内村で処分地選定の第1段階の調査への応募の動きがある高レベル放射性廃棄物（核のごみ）。原発を持つ他の国で処分地探しはどうなっているのだろうか。

Q　処分地が決まっている国はあるの？

A　北欧のフィンランドでは処分場の建設が進んでいる。スウェーデンも既に処分地を決めた。世界一の原発大国の米国はいったん決めたものの、オバマ前大統領が白紙撤回し、中ぶらりんの状態だ。

Q　フィンランドの処分場とは。

A　首都ヘルシンキの北西約230キロ、原発2基（もう1基建設中）があるオルキルオト島に建設中だ。「洞窟」「隠す場所」を意味する「オンカロ」と呼ばれる。2016年に建設を始め、今後数年内に核のごみを埋め始める計画だ（その後、25年操業開始と発表）。日本政府が17年に公表した「科学的特性マップ」のような処分に適した場所の地図を、フィンランドは1980年代に公表した。日本の第2、3段階に当たる調査を90年代にかけて実施し、2001年までにオルキルオトに正式決定した。

Q　日本よりだいぶ早いね。

A　違いもある。日本は原発の使用済み核燃料からまだ使えるウランやプルトニウムを取り出した後に残る廃液をガラスと混ぜ固めて地下に埋める。一方、北欧では使用済み核燃料を金属容器に入れて直接埋める。直接処分するほうが体積はかさむが、北欧は日本と比べて原発が少ない分、処分すべき核のごみも少ない。

また地震大国の日本と異なり、オンカロは18億～19億年前からの安定した岩盤層で、地元の人に聞いても大地が揺れたという経験はないという。地層にごみを埋めるというより、巨大な岩をくりぬいて、そこにはめ込むイメージだ。日本で処分地選定作業が本格化したのは原子力発電環境整備機構（NUMO）が公募を始めた02年。その後も足踏みが続いている。

主な国の核ごみ処分地選定状況

	文献調査	概要調査	精密調査	処分地決定
日本 33		カナダ 19	フランス 58	フィンランド 4
英国 15				
ドイツ 6		（米国 96	）	スウェーデン 7

※数字は2020年1月時点の原発基数、経済産業省の報告書を基に作成

Q　他の国では。

A　比較的進んでいるのがフランスだ。幌延町にあるような地下施設で処分技術の研究を行っていた北東部の農村ビュールの近郊が処分地になる見通しだ。カナダも関心を示した22自治体の中から、段階的に2カ所に絞り込み、日本の概要調査に当たる調査を行っている。他方、英国やドイツは日本と同様、住民の反対運動もあって調査に入れずにいる。放射能が安全なレベルに下がるのに10万年かかるとされる核のごみ。どこで処分するかは、原発を持つ各国がともに頭を悩ませる問題と言える。

【2020年9月12日掲載】

ニュース虫めがね 5

神恵内 海底下に「隠れた候補地」？

寿都町に続いて原発の高レベル放射性廃棄物（核のごみ）の処分候補地へ応募の動きが表面化した神恵内村。国の「科学的特性マップ」では大部分が処分に適さない。そんな場所でも応募できるのか。

Q　科学的特性マップで、寿都町の多くは濃い緑色、神恵内村はオレンジ色が大部分を占めている。どう見ればいいんだろう。

A　マップは、火山の半径15キロ以内や活断層周辺などをオレンジやグレーに塗って処分地選定調査の対象外とした上で、残りを緑、そのうち海岸から20キロ以内を港湾からの輸送面でも好ましい「最適地」として濃く塗っている。寿都は一部に活断層のオレンジの線が通るだけだが、神恵内は約250万～200万年前に火山活動があった積丹岳の半径15キロにほぼ全域が入る。

Q　それでも神恵内は処分候補地に応募できるの？

A　村の南部にごく一部だけ、最適地がある。そこを対象に第1段階の文献調査に応募する可能性がある。実は、処分する場所は陸地とは限らないんだ。国は海岸から15キロ以内の「沿岸海底下」に処分場を建設することも以前から検討している。核のごみを搬入する施設は陸上に造り、海側へ斜めに坑道を掘る。

Q　海底のさらに下？

A　陸の地下と比べ、海底下は地下水の流れが遅く影響を受けにくいとされる。海底には地権者がいないので用地買収の困難が少ないという理由もある。実際、スウェーデンは中・低レベルの放射性廃棄物処分場を沖合3キロの海底下に造っている。目的は違うが、釧路炭鉱では水深30メートルの海底下200～300メートルで石炭を掘っている。

Q　科学的特性マップは陸地しか色分けしてないよね。

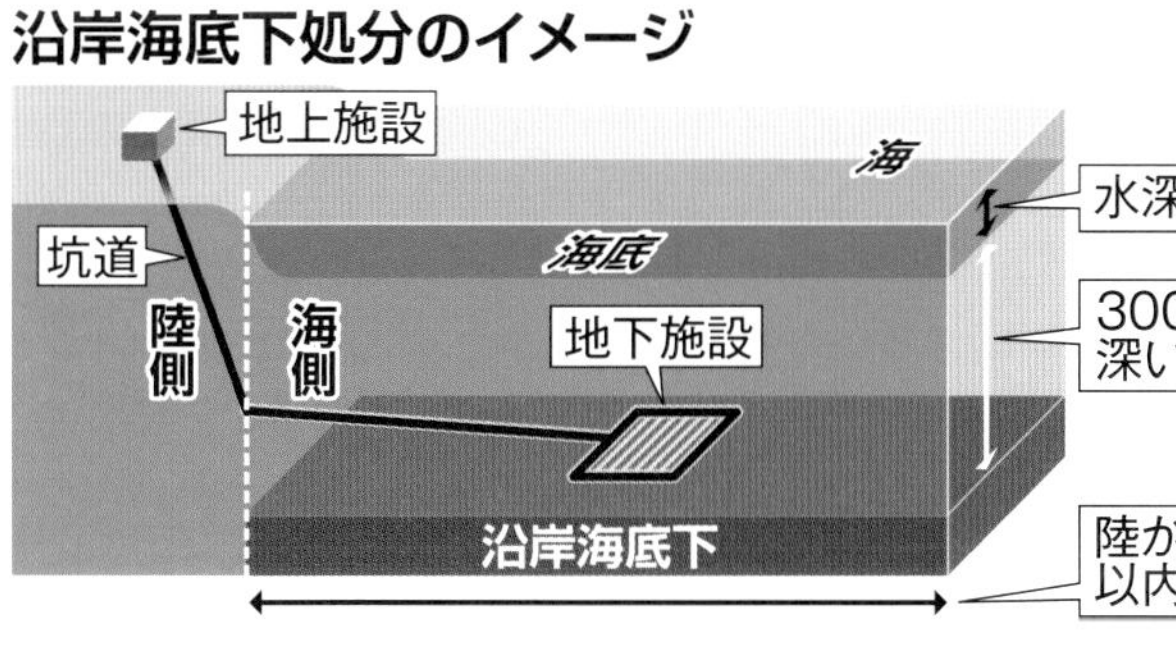

A　マップでは道内の陸地面積の3割、沿岸部を中心に86市町村にまたがる地域が最適地とされた。しかし、なるべく広い対象地域の中から処分地を探したい国や原子力発電環境整備機構（NUMO）からすれば、海底下まで含めることで、濃い緑の海側に「隠れた適地」があると考えているようだ。神恵内でも、濃い緑の部分から海側に15キロの幅で適地が広がることになる。

ただ、積丹半島の西側の海底にはいくつもの活断層があることを専門家が指摘しており、陸上と同じように海底下にも、今後の調査で不適地が見つかる可能性がある。

【2020年9月22日掲載】

崎田裕子さん＝持続可能な社会をつくる元気ネット前理事長

地域での対話を深めて

私は2007年から、電気を使うことで出る核のごみについて、各地の住民に「自分事」として考えてもらえるよう道内外でワークショップを開いてきた。寿都町のように真剣に考えてくれる自治体が現れたことは率直にありがたい。

実際に文献調査に応募するかどうか、応募した場合はどうなるのか、地元にはさまざまな意見があるだろう。まずはこの処分事業がどういうものなのか、時間をかけてしっかりと情報共有する必要がある。技術面や安全面だけではなく、処分場をどう決めていくか、その進め方についても地域の皆さんが活発に質問し、国や（事業主体の）原子力発電環境整備機構（NUMO）が丁寧に説明していくことが大事だ。

1回手を挙げたらそれで決まっていくような話では決してない。寿都町の応募検討が地元や周辺地域での対話を深めるきっかけになればいい。

【2020年8月16日掲載】

広がる乾式暫定保管

埋設処分地選定に影響も

原発の高レベル放射性廃棄物（核のごみ）を地下深く埋める最終処分地の選定調査が国内で初めて、寿都町と神恵内村を対象に2020年11月にも始まる。その一方で、青森県むつ市の中間貯蔵施設など、核のごみのもととなる使用済み核燃料を地上で暫定的に保管する準備が進んでおり、処分地選定の論議にも影響しそうだ。

核のごみは、全国の原発で使い終えた燃料からプルトニウムなどを取り出す再処理を行った後に出る。だが、青森県六ケ所村の再処理工場が稼働しないため、使用済み燃料は大半が各地の原発か再処理工場のプールで水冷保管されている。

プール外の暫定的な保管場所の確保が急がれるのは、プールが満杯に近づいているためだ。電気事業連合会によると、全国17原発のプールの容量に占める貯蔵量は平均75％。北海道電力泊原発（後志管内泊村）は4割弱と余裕があるが、東京電力は廃炉作業中の福島第1など三つの原発の平均で9割に迫る。再処理工場のプールは99％が埋まる。

そんな中で2020年秋、水冷でなく空冷で燃料を保管する「乾式貯蔵」を巡る動きが相次いだ。原子力規制委員会は9月、東電と日本原子力発電（日本原電）がむつ市に建設した乾式の

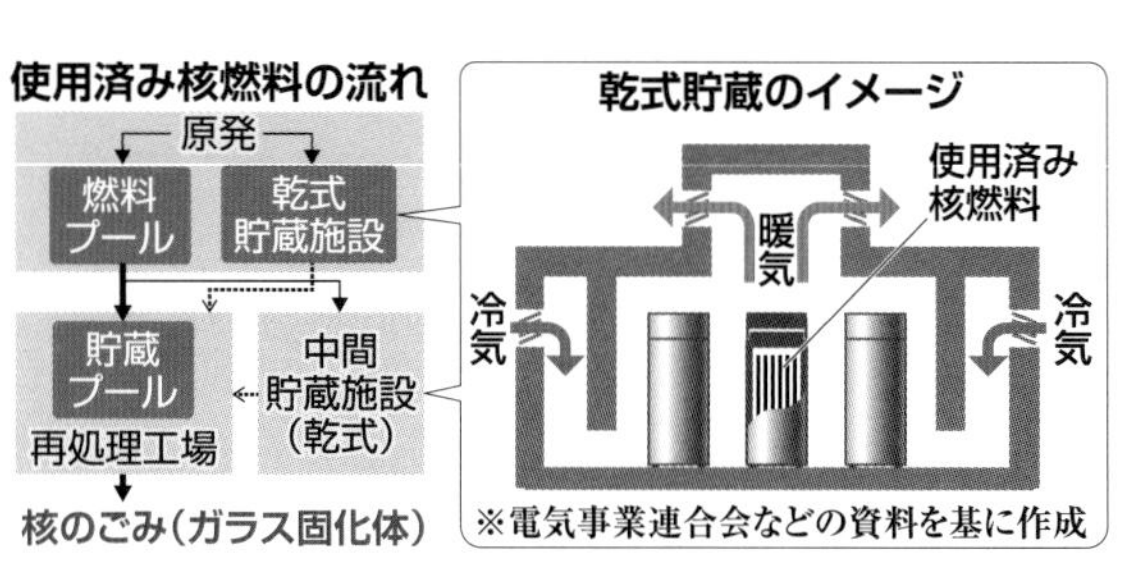

中間貯蔵施設を事実上合格としたほか、四国電力伊方原発（愛媛県）の乾式貯蔵施設の設置を許可。東電は廃炉を決めた福島第2原発に乾式施設を新設すると明らかにした。

金属容器に入れた核燃料を自然の空気循環で冷やす乾式貯蔵は、冷却のために電源が必要なプール貯蔵より安全とされる。事故前から導入していた福島第1原発では、プールが津波の影響で冷却不能になったが、乾式施設に大きな問題は生じなかった。乾式貯蔵は日本原電も既に導入。電事連の資料によると、中部、九州両電力も計画し、北電も将来的に検討する方針を示している。

日本学術会議は15年、安全性の確保や国民の合意形成を図るため、ガラス固化体か使用済み核燃料を50年間、地上施設に暫定保管するよう提言している。

乾式貯蔵という地上の暫定保管が拡充されれば、地下への埋設を急ぐ動機は薄れる。そもそも使用済み核燃料から核のごみ（ガラス固化体）をつくる再処理工場は完成が25回延期され、なお見通せない。暫定保管の継続には青森県などの反発が予想されるが「交付金や税金が入る以上、地元にも悪い話ではない」と指摘する専門家は少なくない。

『核燃料サイクルの闇』などの著書がある日本女子大の秋元健治教授は「核のごみの処分地がなかなか決まらず、再処理工場も稼働しない。出口が見えない中で、使用済み核燃料を地上で暫定保管する流れはさらに強まるだろう」とみる。

【2020年10月29日掲載】

私は考える 4

大浦宏照さん＝札幌のNPO法人「市民と科学技術の仲介者たち」代表

不安をきちんと言葉に

地質調査の仕事の傍ら、北大の科学対話の講座に関わるうちに核のごみの問題に関心を持った。これまでNPO法人・札幌オオドオリ大学のスタッフとして、核のごみに関する若者との意見交換会などを開いてきた。国が進める国民との「対話」活動を仲介する人材の養成も手伝っている。

今、寿都町民は不安だろう。新型コロナウイルスも核のごみも、怖いもの、よく分からないものへの不安は大きい。その不安をちゃんと言葉にして議論の場に乗せることが不可欠だ。だが処分を早く進めたい国にはできない。だから、僕たちが間に立って言葉を聴く。

国への不信もあるだろう。国はこれまで通過儀礼の説明会しか開いてこなかった。沖縄の米軍基地問題もそうだが、説明会を開いて意見を聴いたというアリバイさえつくれば先に進むというやり方だ。でも、核のごみの問題で国は「丁寧に対話する」と繰り返し言っている。それが本当かどうか、寿都で試される。

町内でも候補地への応募に反対する人と町長がぶつかっておしまいでは、真ん中にいる人たちはただ振り回されるだけになる。応募しようとしまいと、きちんと議論を交わすことは、寿都にとって町の将来像を考えるチャンスになる。

核のごみは面倒くさい問題なので知らんぷりしたくなる気持ちも分かる。でも無関心になってはいけない。賛成でも反対でも、意見を持たなくてもいい。ただ関心だけは持ち続けてほしい。10万年残る核のごみについて私たちは未来への責任がある。大人がこの問題とどう向き合うか、子供たちもきっと見ている。

【2020年8月25日掲載】

文献調査進む
全国初　2年で適地絞り込み

寿都町と神恵内村で2020年11月、原発から出る高レベル放射性廃棄物（核のごみ）の最終処分場選定の第1段階に当たる文献調査が始まった。調査は、処分場選定手続きを定めた特定放射性廃棄物最終処分法が2000年に施行されて以来、全国で初めて。両町村は近く、それぞれ最大20億円支給される国の交付金や各種支援制度を使った地域振興策について議論を本格化させる。だが、住民には反対論が根強く残っており、周辺自治体にも反発が広がっている。

国「対話の場」で理解狙う

原子力発電環境整備機構（NUMO）は近く、文献調査が始まった寿都町と神恵内村にそれぞれ、地域住民の意見を聞く「対話の場」を設置する。初会合は21年1月中にも開かれる。国やNUMOはこの場で文献調査の進捗を説明するなど処分事業についての住民理解を深めたい考えで、「地域発展ビジョン」についても議論するとしている。

地域発展ビジョンは、インフラ整備や中小企業支援、医療・教育の充実など国の交付金や各種支援制度を活用した地域振興の具体策を盛り込むものだ。地域の意見を重視し、共に発展を目指す姿勢を強調する背景には、核のごみの最終処分事業への住民理解を深め、処分場選定手続きの進展を図る狙いがある。

寿都町の片岡春雄町長は20年

3時間以上にわたって行われた住民説明会＝2020年9月10日、寿都町総合文化センター

核のごみの最終処分場選定に向けた文献調査に関し、国とNUMOが行った地元の住民説明会＝2020年9月26日、神恵内村漁村センター

国が説明している最終処分場選定と地域振興の関係

文献調査を実施するなら―
2年間で最大20億円の交付金支給

市町村に 対話の場 を設置

地域の代表
- 市町村議員
- 団体の代表
- 住民の代表
- 地元有識者

など

調査の結果・データを共有

NUMO（＋国）

地域の発展ビジョン
処分事業が地域の将来像にどう貢献し得るのかなどについて、時間をかけてしっかり議論

地域の経済発展ビジョン

インフラ整備	中小企業支援	教育支援
医　療	防　災	観光・まちづくり

※交付金やさまざまな支援制度を活用し、各分野で地域の抱える課題を把握し、それに貢献する取り組みを具体化

※スウェーデンの最終処分場建設予定地では900人弱の雇用創出が試算されていることなどを紹介

※住民説明会の説明資料などより

11月、対話の場は住民の代表者約20人で構成する考えを表明。漁協や商工会などの五つの産業団体のほか、福祉関係者や町内会にも参加を求め、公募も行う考えを示している。神恵内村の高橋昌幸村長も、対話の場では「事業や安全性の問題だけでなく、村の将来像についても村民が意見を交わす場となることを期待している」と述べている。

ＮＵＭＯは近く、両町村に対話の場の拠点となる事務所を設置し、数人程度の職員を常駐させる方針。札幌市内にも事務所を開設する方向で調整している。

【2021年1月1日掲載】

核のごみ最終処分場の選定プロセス

- 自治体が応募（寿都町）
- 国の申し入れを自治体が受諾（神恵内村）

→ どちらか

↓

文献調査
2年間 交付金最大20億円
（過去の資料などによる調査）

↓

概要調査
4年間 交付金最大70億円
（ボーリングなどによる地質調査）

↓

精密調査
14年間 交付金額は未定
（地下施設を建設して調査・試験）

↓

建設地選定・施設建設
約10年

知事、市町村長が反対した場合、次の段階には進まない

私は考える ❺

山内亮史さん＝旭川大学長

北海道とは相いれない

「核」に反対する運動に40年近く関わってきた。1980年代、幌延町が高レベル放射性廃棄物（核のごみ）の関連施設を誘致した時は「幌延問題を考える旭川市民の会」を立ち上げた。88年に北海道電力泊原発の核燃料が初めて道内に到着した際は現地で抗議した。

寿都町が核のごみの処分地選定に向けた調査への応募を検討していることは、残念極まりない。

かつて幌延町に関連施設の誘致をやめるよう申し入れると、当時の幌延町長が「国のやることに間違いないべさ」と言った。寿都町長がどこまで国を信頼しているかは分からないが、幌延では機動隊を投入した強行調査も行われた。

そういう本性をむき出しにすることが、国にはある。そのことを忘れてはいけない。

寿都町長も応募検討の理由に挙げるように、道内の地方自治体は財政難と過疎で疲弊している。地域が空洞化している。手を打つ必要がある。だがその空洞は、核のごみや交付金では決して埋められない。

寿都の問題を機に道民が議論すべきは、どんな北海道を次世代に残すのかということだ。食料基地であり観光地でもある道内に、原発と核のごみはふさわしくないと私は思う。北海道と核は相いれない。

残念ながら、泊原発は30年以上前に運転を始めてしまった。しかし、核のごみ捨て場への道はまだ引き返せる。道民は核のごみを「受け入れ難い」ではなく「受け入れない」とはっきり言うべきで、そうした世論を盛り上げていく必要がある。

【2020年8月26日掲載】

私は考える

倫理学の視点

加藤尚武さん＝京大名誉教授

私たちは無条件に未来に責任を負う

――北海道電力泊原発に近い二つの町村が、核のごみの処分地選定の第1段階に当たる文献調査に応募する方向です。

調査が進んで（第2段階の概要調査で）実際に穴を掘って調べると、原子力関係者と他の科学者で意見が食い違ってくるでしょう。おそらく地震学者は日本でOKとは言わない。（世界初の最終処分場が建設されているフィンランドの）オンカロは10億年以上、地盤が安定しているそうです。

日本列島は10万年後には形も変わっているかもしれない。2町村に限らず、日本国内で処分地を見つけるのは科学的に不合理だという結論になるのではないでしょうか。

――倫理学の観点から、核のごみの問題をどう見ますか。

長すぎる、というのが率直な印象です。普通、倫理学で考えるのはせいぜい100年先のことまでです。千年先でさえ人間の思考力が届く範囲を超えている。1世代を30年とすると、10万年は3千世代以上先です。長すぎます。

――考えが及ばない、と。

核のごみは、人間が自分で始末できないものです。そもそも合理的な思考で解決できない。

――それでも現実問題として核のごみは既に発生しています。子どもの背丈ほどの円柱形のガラス固化体に換算して約2万6千本分。どう考えればいいですか。

難しい問題です。一つ、この問題と向き合うための鍵を握ると私が考えるのが「世代間倫理」という概念です。現在世代は未来世代の生存に責任があるという考え方です。核のごみのように、大きな負担や危険を引き受けてもらうには本来相手の同意が必要ですが、まだ生まれてもいない世代の同意を得ることは不可能です。だからこそ私たちは無条件に未来への責任を負うのだと私は考えます。

――地層処分を推進する人は、将来世代に地上で管理する負担を押しつけないよう、原発の恩恵を受けた今の世代が責任を持って安全な地下に隔離するんだと言います。一方で反対する人は、いつ何が起こるか分からない時限爆弾の埋め捨てだと言います。「責任ある隔離」か「時限爆弾」か、加藤さんはどちらだと思いますか。

時限爆弾、でしょうね。将来世代への負担を少なくするとの論理は、地下の処分施設が千年たっても安全だという前提がないと説得力を持ちません。しかし技術的な予測通り安全に造れるかどうか、確かめた人は誰もいません。

――著書『災害論』で、地下施設でも使われる今のセメントが開発されてまだ約150年しかたっていないと指摘していますね。

たかだか150年間の耐用試験しかできていないのです。千年先の耐久性など見通せません。さらに一番老朽化するのは安全設計の元となるデータです。今、人類が用いているデー

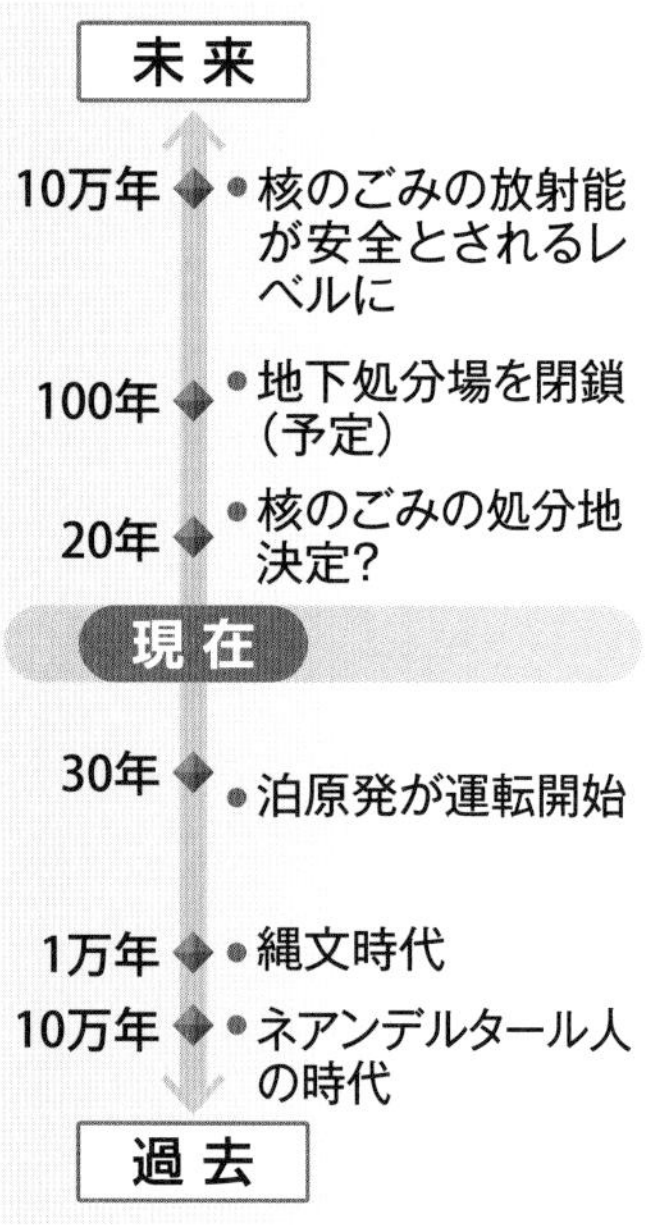

未来
10万年 ●核のごみの放射能が安全とされるレベルに
100年 ●地下処分場を閉鎖（予定）
20年 ●核のごみの処分地決定?
現在
30年 ●泊原発が運転開始
1万年 ●縄文時代
10万年 ●ネアンデルタール人の時代
過去

※年数はおおよその目安

かとう・ひさたけ　1937年東京都生まれ。東大大学院博士課程中退。千葉大教授、京大教授、鳥取環境大初代学長などを歴任。日本哲学会長のほか、原子力委員会で核のごみ処分に関する専門委員も務めた。2011年に出版した『災害論』（世界思想社）で核のごみについて論じている。『加藤尚武著作集』（全15巻、未来社）、『現代倫理学入門』（講談社学術文庫）など著書多数

タで最も長持ちしているのは（16～17世紀のイタリアの科学者）ガリレイが測定した重力の加速度です。新たな科学的発見のたびに10年や20年でデータは更新されます。

――元となるデータが変われば安全設計の基準も揺らぎますね。

以前、NUMOの担当者に「地震の多い日本では施設の安全性を確かめられないのでは」と聞くと、「日本の技術の総力を挙げてやるので大丈夫です」と答えました。でも、技術的に千年持つように計算しても根拠とするデータ自体がどんどん変わる。構造物だけでなくデータも摩耗するのです。

無断でツケを回す地層処分は許容できない

――地層処分には反対ですか。

世代間倫理の観点からすると、将来世代に無断でツケを回す地層処分は許容できません。倫理的な不正ということになります。

――日本学術会議は2011年の東京電力福島第1原発事故後、まだ地層処分の安全性は確立していないので核のごみは地上で暫定的に保管すべきだと提言しました。加藤さんもその立場ですか。

ただ、暫定保管しても、その先のメドが立たないでしょう。推進派が言うように、千年先まで地上で管理し続けるのは将来世代の負担になります。確かに、地層処分は倫理的には不正です。しかし、核のごみが存在するという絶対的な事実はある。実務的に処分の道筋を付けないといけない時期に来ていると思います。

――最終的には埋めざるを得ない、と考えているのですか。

少しでも合理的に処分するとすれば、無人の砂漠の真ん中に捨てるなど、地球上で最も安全な場所を探してそこに廃棄するしかありません。今後人が住みそうもない場所に捨てるのが、一番罪が少ないのではないかと最近私は思うようになりました。

仮に国内で処分するなら、広大な土地を国が買い取り、住民のいない地域をつくってそこに埋め、立ち入り禁止にするしかないでしょう。米国では有毒化学物質の処分場の上を彫刻公園にして、気味の悪い、入りたくなくなるような彫刻を並べています。そんなことまでしないといけないのかもしれません。

――いま、処分候補地に応募しようとする寿都、神恵内両町村にはもちろん住民がいます。今まで原発からこんな厄介なごみが出るとも知らされず、でも、あなたたちも原発の恩恵を受けてきたのだから責任があると言われても、そこで暮らす人たちは戸惑います。

確かに理不尽です。しかも過去の失敗のツケを、原発の恩恵を受けない若い世代やこれから生まれてくる世代が引き受けることは、理不尽としか言いようがありません。

――そもそもなぜ、出てくるごみの処分のメドも立たないまま原発を始めたのでしょうか。

日本が原発を導入したころの関係者に「なぜ廃棄物の問題を放ったらかしにしたんですか」と聞いたことがあります。彼らは「核融合炉ができると思っていた」と答えました。地層処分などしなくても、核融合炉で核のごみを燃やそうと考えたようです。しかしそんな技術は実現しなかった。原子力技術史上最悪の誤算です。

――住民説明会などでは、せめて核のごみをこれ以上増やさないために原発を止めるべきだとの意見が出ます。どう思いますか。

もちろん原発は止めるべきです。これ以上核のごみが増えるのを黙認する理由はない。増えれば増えるほど処分が困難になる。自分たちで後始末できないものを生み出す以上、原発を動かすこともまた倫理的に不正です。

――地層処分を行う側は、国もNUMOも担当者が2、3年でコロコロ替わります。10万年どころか10年後にも責任を持ちません。

官僚だけではありません。政治家は次の選挙に当選することしか考えないし、電力会社の経営者は株主総会で立派な報告ができることぐらいしか頭にない。そうやって、核のごみの問題は先送りされ続けてきたのです。

大きな負の遺産として存在する核のごみをどうすればいいのか。その議論を通じて、私たちは未来の世代に対する責任をいま一度真剣に考える必要があります。

【2020年10月4日掲載】

私は考える❻

若者こそ関心を持って

渡辺恭也さん＝北大工学部4年

札幌南高を卒業し、自動車エンジンの設計に興味があって北大工学部に進んだ。高レベル放射性廃棄物（核のごみ）に関心を持ったのは2年前。授業の一環で、処分技術を研究する幌延深地層研究センターを見学した。

2019年には、原子力発電環境整備機構（NUMO）が募集した海外視察に他大学の学生と参加し、世界で初めて最終処分場を建設しているフィンランドの「オンカロ」や処分地を決めたスウェーデンの自治体を回った。

日本でも、核のごみはどこかで処分しないといけない。もちろん自分のまちに持ってこられるのはみんな嫌だろう。でも、放射能は怖い、危険だと不安がるだけでなく、なぜ処分が必要なのか、どんな対策を取っているかを理解し、冷静に話し合う必要がある。

寿都町が処分地選定に向けた調査への応募を検討し、核のごみへの関心が高まることを期待している。でも周囲の学生を含め若い世代の関心は高くない。それが気がかりだ。

原発も核のごみも、僕らの世代が生まれる前からあった。本当はもっと上の世代が解決しておくべき課題ではなかったか。

東京電力福島第1原発事故が起きたのは僕が小学6年生の時だ。それ以来、原発はほとんど停止しているので、これまでの人生の半分しか原発の恩恵を受けていない。それでもこの問題を誰かが引き受けなくてはいけないなら、その誰かになってもいい。僕は大学院で処分技術の研究や理解活動に関わるつもりだ。

処分地を決める調査だけで20年。その後、処分場の建設を担うのは僕らの世代になる。若い世代こそ、この問題に関心を持ってほしい。

【2020年8月27日掲載】

私は考える

生命誌の視点

中村桂子さん＝JT生命誌研究館名誉館長

自然は「予測不能」ということを謙虚に認めて

――地層処分の研究者は、地下300メートルより深い安定した地層に処分すれば安全だと言います。

安全だと言い切れるような技術は世の中にありません。そのことを、私たちは2011年の東京電力福島第1原発事故で痛切に思い知ったはずです。

――原子力の専門家は福島事故まで、原発は安全だと説明してきました。旧ソ連でチェルノブイリ原発事故が起きた後も、あんな事故は日本では絶対起きない、と。

科学技術の考え方としておかしい。膨大な核エネルギーと放射能を内部にため込む原発は、安全ではない、危険だということを前提にしないといけません。

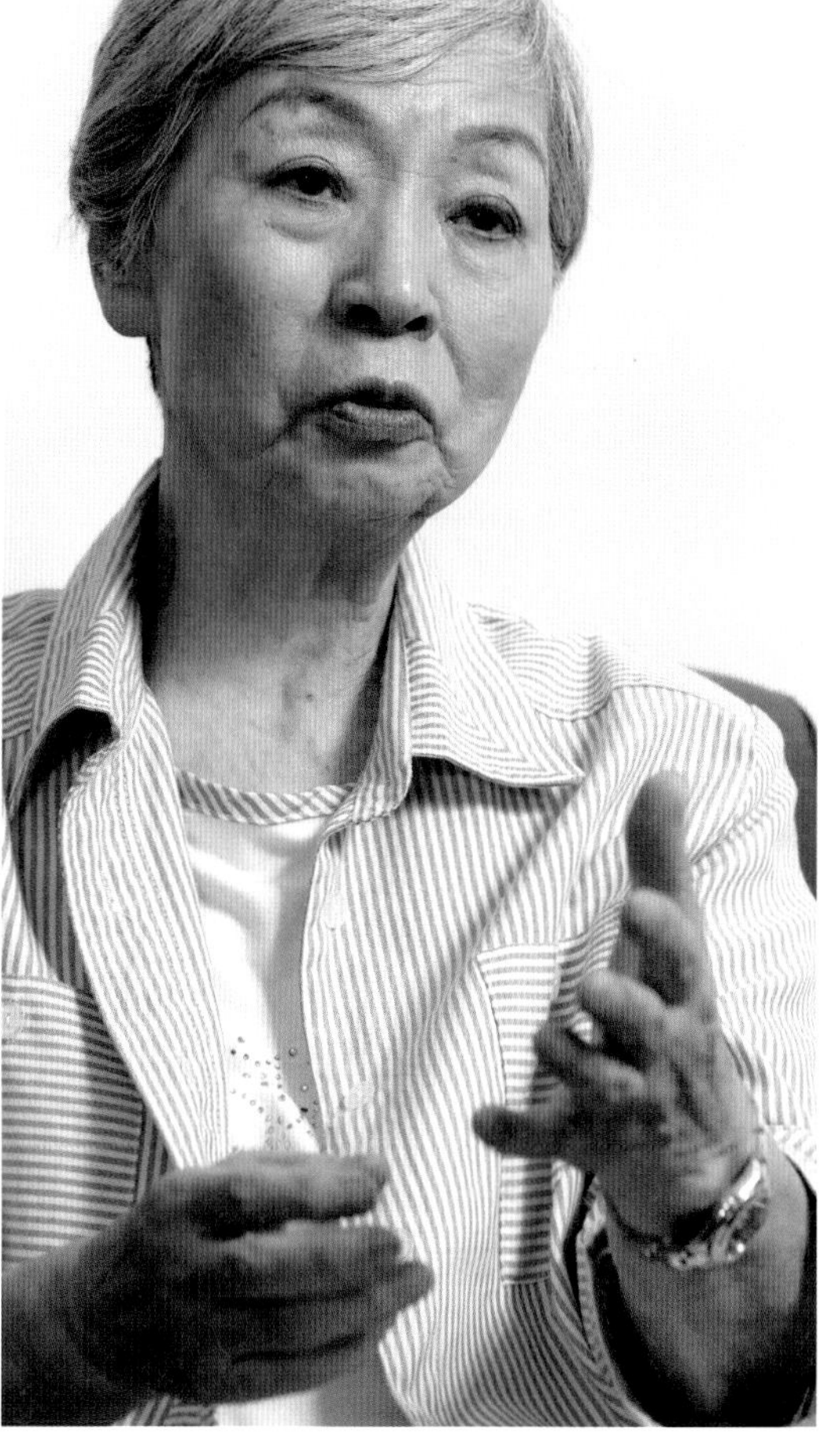

自動車も飛行機も、事故が起きる前提で対策を講じています。なのに原子力ムラの人たちは安全だと繰り返し、技術的には存在するはずのない安全神話が作られた。本当は危険ではないのか、という声がかき消されるような社会のあり方もおかしかったと思います。

――もちろん、極めて放射能の強い核のごみについて、国やNUMOも危険だとは認めています。

当然です。

――危険だからこそ地下に埋める、天然バリアーで閉じ込める、自然の力を借りると説明します。

私は地層処分の専門家ではないので、その説明の是非はよく分かりません。ただ、生命誌を研究する立場から大事だと考えるのは、自然は「予測不能」ということを謙虚に認めることです。

自動車はアクセルを踏んだらどのくらい進むか分からないと困る。機械は予測可能であることが求められます。でも、自然はそもそも予測不能なんです。自然界を見ればすぐ気づきます。アリ1匹見ても分からないことだらけ。空を見上げても分からないことだらけ。まして千年万年先の未来のことを予測することなんて不可能です。

――地層処分の専門家たちがコンピューターを駆使してまとめた報告書には、地上への放射線の影響が「最大で年間0・000005ミリシーベルト」という記述もありました。

本当かな、と思いますよね。科学者として、コンピューターを否定するつもりはありません。でも、そこに入ってるのは既知の予測可能なものばかりです。

現代人は機械の中で暮らして、機械の論理で○か×かと判断し、人間が感じて考える力をどんどん失っている。教育現場でも、スマホで調べて答えを早く出したほうが良い子だみたいになると、人間が機械のようになってしまいます。

本当の正解ない。それでも社会全体で議論が大事

——中村さんは核のごみや原発はどうすべきだと考えますか。

核のごみをどうすればいいか、アイデアがあるわけではありません。原子力については、ごみの後始末まできちんと考えて、使うか、使わないか、社会が選択すればいい。でも、これまで社会全体で議論が行われず、国や電力会社、専門の科学者や技術者だけで決めてきたことが問題です。

——中村さんは原子力を否定するわけではないのですか。

核エネルギーの利用を科学者として否定はしません。核の中にものすごいエネルギーが入っている、だったらそれを上手に使えないか、と考えるのは人間として当たり前だと思います。それをバーンとやったら原爆になる。ちょっと賢い人が、エネルギーを少しずつ取り出したらどうだろうと考えた。それが原発です。

——核と人類は相いれない、と言う人も少なくありません。

地球上には77億人以上が暮らしています。そのためにどれだけのエネルギーが必要かをまず私たちは考えないといけない。人間は空を飛べるわけではないし、泳ぐのも上手でない、走るのも速くない。それでも上手に生きていくために頭を使う。原子力をはじめ新しい科学技術を完全に否定してしまうと、人間らしく生きられません。

ただ、過去３００年間の科学技術の進歩のあり方は、賢くなかった。自分の分かることを増やそうとばかりしてきた。分からないことを考え続ける努力をせず、放り出してきた印象があります。

——そうやって、核のごみの問題も先送りされてきたのではないですか。

そうですね。問題を直視するのは面倒くさい、分からないことは考えないで先送りしよう、となったのでしょう。しかし、問題をないことにする、見て見ぬふりをするような社会はさまざまなマイナスを残します。核のごみの後始末をきちんと考えてこなかったことも含め、私たちは次の世代に多くの負の遺産を残そうとしています。

私は最近、本当に「ごめんなさい」という気持ちで暮らしています。大人の一員として責任を感じざるを得ない。次の世代に何を手渡すか、社会全体でもう一度真剣に考えないといけません。

——倫理学者の加藤尚武さんは、ごみを処分するメドも立たないまま原発を動かしたのは倫理的な不正だと話していました。

不正、というのは強い言葉ですね。私には、正しいか、正しくないかという発想があまりないんです。１＋１なら2だと言えるけど、この問題は一人一人が考えるしかない。一番怖いのは、福島事故前の安全神話のように皆が思考停止してしまうことです。

——核のごみの説明会を聞いていると、専門家は「正しく」「科学的な」自分たちの主張について、反対する人にもひたすら「理解」を求めるという姿勢です。議論はいつも平行線になります。

専門家だって社会の中にいる一人の人間です。自宅に帰れば一人の父親や母親だったりする。福島の事故当時、わが子が近くにいれば心配だったでしょう。しかし、そうした想像力を

原子力を巡る主な出来事

1945年	広島、長崎に原爆投下
51年	米国で世界初の原子力発電
63年	日本で国内初の原子力発電
79年	米スリーマイル島原発事故
86年	旧ソ連チェルノブイリ原発事故
89年	北電泊原発1号機運転開始
95年	福井県敦賀市の高速増殖原型炉もんじゅでナトリウム漏れ事故
99年	茨城県東海村の核燃料加工施設JCOで臨界事故
2011年	東電福島第1原発事故

なかむら・けいこ　1936年東京都生まれ。東大大学院修了。理学博士。早稲田大教授などを経て2002年からＪＴ生命誌研究館長。20年春から現職。生物を一種の機械と捉える生命科学に疑問を持ち、ゲノム（全遺伝情報）に注目して生物の歴史と関係を読み解こうとする生命誌研究という新しい分野を提唱した。『自己創出する生命』（毎日出版文化賞）、『科学者が人間であること』など著書多数

持たず、日常感覚を切り捨て語る専門家が多いのではないでしょうか。それでは議論は成り立ちません。

――道内には北海道電力泊原発があり、ごみを出しているんだから、一人一人が自分事として考えるべきだという意見が北海道新聞にも届きます。

ただ、電力会社が巨大な原発から、わっと電気を送って「あなたも使っているでしょう」と言うのはおかしい。「残念ながら厄介なごみが出てしまった、どうにかしないといけない、一緒に考えてくれませんか」と言うのが筋です。

――地元の住民はどう考えればいいのでしょう。仮に最終処分地に選ばれれば、泊原発だけでなく、全国の原発から核のごみが運び込まれることになります。

「私だけが原発の電気を使ってきたのではありません」というのが常識的な答えですね。「みんな使っているのに、どうして私のところにだけ来るんですか」と聞けばいい。ただ、全国の誰もがそう言い始めると、核のごみはどこへも行き場がない。そうなった時、どこで引き受ければいいのかが、改めて国民みんなで向き合うべき難しい問いとして立ち現れます。本当の正解なんかどこにもないのかもしれません。それでも、社会全体で議論していくことが大事なんだと私は考えます。

【2020年10月11日掲載】

私は考える❼

宍戸慈さん＝「北海道子育て世代会議」共同代表

対立ではなく対話を

2011年の東京電力福島第1原発事故後、放射能の影響が心配で、福島県郡山市から札幌市に避難した。札幌ではラジオのパーソナリティーも務め、避難者の声を伝えた。今は後志管内島牧村に立ち上げた合同会社の代表として、島牧と札幌の2拠点でイベントの企画や司会などを手掛けている。6歳と3歳の1女1男の母でもある。

島牧の隣の寿都町が高レベル放射性廃棄物（核のごみ）の処分候補地への応募を検討していると知り、原発事故にも似たショックを受けた。北海道に避難してまで核の問題に追いかけられるのかと切なくなった。

どこにいても逃れられない問題なら向き合おうと決めた。「持続可能な社会を子どもたちへ」を合言葉に、子育て中の仲間と団体を立ち上げた。心がけるのは「対立ではなく対話」だ。核のごみを巡る問題は、正しいか間違っているかでなく、選択の問題だと思っている。

選択する権利は子どもにもある。私たちの団体では、18歳未満も議論に参加できるよう、わかりやすい説明と十分な質疑時間を設けることを寿都町に要望する。

私自身は、大好きな自然のある寿都に、十分な議論もないまま核のごみなど持ち込んでほしくない。ただ、否定や反発から来るエネルギーだけでは長続きしない。私の原動力は、きれいな自然や風景を次の世代に残したいという思いだ。

対立ではなく、第3の選択肢を示せるようにしたい。町の財政が厳しいなら、どうすれば乗り切れるかアイデアを出し合おう。例えば、豊かな自然を生かして自然遺産への登録を目指し、観光客を呼び込むのもいい。そうした議論が持続可能なまちづくりに向けたチャンスになると信じている。

【2020年8月28日掲載】

私は考える

社会学の視点

大澤真幸さん＝社会学者
自分たち世代の責任を痛感

——道内で核のごみの処分地選定に向けた調査が始まります。

この問題が難しいのは、全ての人にとって、自分の人生よりずっと長い時間軸の問題だということです。核のごみは私たち全員が死んだ後も残る。日本という国があるかどうかも分からない未来の話になります。10万年も過去にさかのぼれば日本はない。日本どころか国家という概念もない。ネアンデルタール人の時代です。

——社会学者として幅広い視野で社会を見る大澤さんが、特に注目するのはどんな点ですか。

大きく二つあります。処分地の選定を巡る具体的な手続きの問題と、未来への責任をどう考えるかという哲学的な問題です。

——処分地選定を巡っては、文献調査に応募するだけで国は1年間に最大10億円を交付します。

日本同様、処分地が決まっていないスイスのある村で行われた住民意識調査で、処分場受け入れの可否を聞くと、受け入れてもいいという回答が若干上回りました。しかし、2回目の調査で交付金に当たる補償金を出すと伝えると、逆の結果が出ました。

——興味深い調査結果です。

「トイレなきマンション」とよく言われますが、原発を動かした結果トイレが必要で、あなたの近くに作っていいかと聞かれ、1回目の調査では、誰かが引き受けないといけない、みんなのためなら、と意義を感じた。ところが補償金を出すと言われると、それが目当てではない、バカにされたと感じたんですね。それなら受け入れたくないと思ったのでしょう。

——寿都町長は記者会見で、交付金がなくても手を挙げたかと問われ、言葉を濁しました。

もちろんスイスの人たちだって純粋な動機だけではないと思います。処分場を受け入れれば税収も雇用も増える。だけど、それは副次的な効果であって、それとは別の骨格の理由がある。核のごみの処分場を国民みんなが必要としている。それを受け入れることに意義があると思えるかどうかです。

——日本ほど処分地選定に交付金を積む国はないと聞きます。

もらうほうも当たり前だと思っている。迷惑施設という前提があるからです。沖縄の米軍基地もそうですが、国は地域振興と引き換えに受け入れを迫る。でも、それはおかしい。核のごみの処分場が必要で、この地域が地層も一番安定し、人口密集地よりいい、みんなの役に立つと説明するのが本来のあり方です。迷惑料を払って押しつける形ではダメです。受け入れる側も、交付金がなくても受け入れるだけの意味があるのかを考えておかないと、目先の利益のためにやってしまって、事故の発生といった悪い結果が出た場合は救われません。後悔します。

――二つ目の未来への責任ということについて、倫理学者の加藤尚武さんは「世代間倫理」という言葉を使いました。まだ生まれてもいない未来世代に対し、現在世代は無条件に責任を負う、と。

僕もその考えに賛成です。今、目の前にいる子どもの命と10億円との比較であれば、多くの人は命を選択すると思います。でも、その子どもが遠い未来に生まれてくる子どもで、しかも処分場が必ずしも危険かどうか分からないなら、今の利益のほうを選択してしまうでしょう。ただ人間は自分が死んだ後のことも考える唯一の生き物です。人類には未来への責任感があるのです。

――責任というと、処分を推進する人たちは原発の恩恵を受けた自分たちの世代で処分に責任を持つことこそが大事だと言います。

でも、まずそう言っている人自身が、核のごみを引き受ける気持ちがあって言っているかが問われるべきです。本当は後ろめたいからこそ交付金でごまかしている。俺は軍隊に行く気はないけど、日本には軍隊が必要だというのがダメなのと同じです。

――北海道電力泊原発は2012年5月5日に停止後動いていません。それ以降に道内で生まれた子どもは原発の電気を使っていない。なのに核のごみを押しつけられるのは不条理です。

そうですね。まさしく不条理です。原発を造る時にちゃんと考えなかった。何とかなるさと無責任に始めてしまった。将来世代がこの問題に悩むことになるとも考えなかった。

北電泊原発への核燃料搬入に抗議する人々＝1988年7月

おおさわ・まさち　1958年長野県生まれ。東大大学院社会学研究科博士課程単位取得満期退学。社会学博士。千葉大文学部助教授、京大大学院人間・環境学研究科教授などを経て、個人思想誌「THINKING『O』」を主宰。『ナショナリズムの由来』（毎日出版文化賞）、『自由という牢獄』（河合隼雄学芸賞）、『夢よりも深い覚醒へ―３・１１後の哲学』など著書多数

東京電力福島第1原発事故が起きた時、僕は自分たち世代の責任というのを痛感しました。自分より若い世代は既に原発のある世界に生まれた。私たちは本当に原発について考えて、反対したり賛成したりしたわけではなかったとすごく後悔しました。

原子力政策の矛盾や欺瞞、改める足がかりに

――大澤さんは原発について今後どうすべきだと考えますか。

やめるべきだと思います。哲学的にはそれが自明な結論だと思います。今後どうすべきかではなく、その自明な結論にたどりつくのを阻んでいる要因は何かという問題を僕は考えています。多くの人が望んでいる方向に社会が向かわない。阻んでいる要因というのがどこかにある。目詰まりの原因みたいなものを特定することが一番重要だと考えています。

――生命誌研究者の中村桂子さんは77億人を超えた人類が暮らしていくために必要なエネルギーを考えないといけないと言っていました。再生可能エネルギーで十分賄えるようになるまで、原発は必要だと言う人も多くいます。

「○○の条件が満たされたら原発をやめる」といった仮定を伴う期限を設けるべきではありません。代替電源が確保されたら原発をやめるという条件を付ければ、脱原発はいつまでも先送りされるでしょう。やめると宣言することが代替電源を確保するための技術開発を促し、可能にします。

――住民説明会でも、ごみの問題を議論するなら、せめて国は原発をやめると言うのが出発点

ではないかという声が必ず出ます。

その通りだと思います。ごみの発生源をなくしたい、でも既にできてしまったものはしょうがないから何とかしよう、と言うなら分かります。でも、今後もごみを出す流れの中で何とかしようと言われても納得できない。ごみの出るもとはそのままにして、出たごみをとにかく誰かに押しつけるつもりで処分地を探すなら、それは許されない。しかも原発を続けることが電力会社や原発メーカーなどの利益のためにすぎないと気づいている人は多い。処分場を受け入れる場所がそうした一部の利益のための犠牲にすぎないとすれば意味も意義もありません。

――処分地選定作業が始まる中で、私たちはこの問題とどう向き合っていけばいいでしょうか。

仮に寿都町や神恵内村で処分地選定の調査が進んだ場合、それが日本の原子力政策を将来的に変えていくことにつながるかどうか。例えば原発ゼロの世界をつくるとか、新しいエネルギー政策の第一歩のために議論するような意味合いを持てば、大きな動きになると思う。核のごみをどうするかという議論を通じて、日本の原子力政策の矛盾や欺瞞が少しでもあぶり出され、改善される足がかりになればいいと思います。

【2020年10月25日掲載】

私は考える❽

新野良子さん

＝「柏崎刈羽原発の透明性を確保する地域の会」前会長

声なき声に耳傾けて

東京電力柏崎刈羽原発（新潟県）で2002年に発覚したデータ改ざんを受け、原発の安全性を住民自ら議論するため発足した「地域の会」の初代会長を10年以上務めた。11年の東電福島第1原発事故後は、原発の高レベル放射性廃棄物（核のごみ）を巡る対話のあり方を考える国の作業部会の委員も務めている。

地元の声を国や東電に届けるのが地域の会の目的だ。原発推進派と反対派が毎月、同じ場で意見を交わすのは全国唯一の取り組みとして注目されている。

それ以上に私が大事だと考えたのは、推進でも反対でもない、ごく普通にこの地域で生活してきた「中間の人たち」の声をどうすくい上げるかだった。

地域の会の2割を占めた推進派には国や東電から情報が入る。同じく2割の反対派は確固たる信念を持っている。当初はけんか腰の議論になった。二つの大きな声に挟まれて、残り6割の、それまで情報や関心があまりなかった人たちはなかなか発言できなかった。

関東から柏崎市の老舗和菓子店に嫁ぎ、市の男女共同参画に関わっていた私は、中立の立場で会長になった。国や東電には、出したい情報だけを出すのではなく、危険性を含む透明性の高い情報を出すよう求めた。反対派には、感情的になりすぎないよう呼びかけた。伝えたいことがあっても、感情的になると相手は心を閉ざしてしまうからだ。

核のごみの処分候補地への応募を検討する寿都町で今後始まる住民の議論を注視している。応募するにせよ、しないにせよ、「中間」にいる多数の声に耳を傾けながら、地域の住民が納得できる議論が行われることを期待している。

【2020年8月30日掲載】

関連用語・
年表

高レベル放射性廃棄物（核のごみ）

原発の使用済み核燃料からまだ使えるウランやプルトニウムを取り出す再処理をした後に残る放射能の極めて強い廃液。日本ではガラスと混ぜたガラス固化体にしてステンレス製容器に入れ、ベントナイトという特殊な粘土でくるんで地下300メートルより深くに埋める地層処分を行う計画。ガラス固化体の製造直後の表面の放射線量は約1500シーベルト。人が近づいても安全な線量に下がるのに10万年かかるとされる。

地層処分

核のごみを地下深くに埋めて人間の生活環境から隔離する処分法。ガラス固化体を地上で30～50年間冷やした後、地下300メートルより深くに埋める。鋼鉄製容器や特殊な粘土など人工的な防御機能と地下環境が持つ天然の閉じこめ機能により、放射能の影響が地上に及ぶのを防ぐという。日本原子力研究開発機構が茨城県東海村で放射性物質を用いた研究、岐阜県瑞浪（みずなみ）市で地層科学の研究、宗谷管内幌延町で実際の核のごみを使わずに処分技術の研究を行ってきた。瑞浪は2019年度で研究を終了。幌延は28年度をめどに研究が延長された。

核のごみの処分地選定

国内で1カ所、地下300メートルより深くに造る最終処分場の建設場所を選ぶため、2002年から原子力発電環境整備機構（NUMO（ニューモ））が自治体の応募を受け付けている。07年に国が自治体に申し入れる方式を追加。17年に国は処分に適した場所を示す「科学的特性マップ」を公表した。処分地選定は複数の候補地の文献調査、地上からボーリングを行う概要調査、地下施設を造って行う精密調査の3段階で行う。文献調査に応じただけで地元自治体に2年間で最大20億円が交付される。その後は概要調査（4年間・交付金最大70億円）、精密調査（14年間、交付金額未定）と進み、その後、処分場建設に約10年間を見込む。

原子力発電環境整備機構（NUMO（ニューモ）＝Nuclear Waste Management Organization of Japan）

地層処分の事業主体として、法律に基づき2000年に設立された経済産業省所管の認可法人。最終処分地の選定から処分場の建設、核のごみの搬入、処分後の閉鎖までを担う。処分地選定から閉鎖までにかかる費用の総額は約3兆9千億円と見込む。職員数は約150人。ほぼ半数が原発を持つ電力会社から出向している。理事長は札幌出身で東京電力福島第1原発事故当時、政府の原子力委員会委員長だった近藤駿介氏。

北海道における特定放射性廃棄物に関する条例「核抜き条例」（2000年10月制定、抜粋）

私たちは、健康で文化的な生活を営むため、現在と将来の世代が共有する限りある環境を、将来に引き継ぐ責務を有しており（中略）特定放射性廃棄物の持ち込みは慎重に対処すべきであり、受け入れ難いことを宣言する。

幌延深地層研究センター

日本原子力研究開発機構（当時は核燃料サイクル開発機構）が2001年、宗谷管内幌延町に開設した。核のごみを地下300メートルより深く埋める地層処分技術を研究する。14年に地下350メートルの水平調査坑道が完成し、今後、地下500メートルまで掘削する計画。道と幌延町、同機構は2000年、「放射性廃棄物を持ち込まない」「将来とも最終処分場にしない」「研究終了後は地下施設を埋め戻す」などを明記した3者協定を結んでいる。

幌延町における深地層の研究に関する協定書（3者協定、2000年11月締結、抜粋）

第2条　研究実施区域に、研究期間中はもとより研究終了後においても、放射性廃棄物を持ち込むことや使用することはしない。

第3条　深地層の研究所を放射性廃棄物の最終処分を行う実施主体へ譲渡し、又は貸与しない。

第4条　深地層の研究終了後は、地上の研究施設を閉鎖し、地下施設を埋め戻すものとする。

第5条　当該研究実施区域を将来とも放射性廃棄物の最終処分場とせず、幌延町に放射性廃棄物の中間貯蔵施設を将来とも設置しない。

寿都町

日本海に面し漁業を基幹産業とする自治体。人口は2907人（2020年8月末）。人口はこの10年で約500人減り、65歳以上の高齢者の比率は4割になる。江戸時代から明治期にかけてニシン漁で栄えた。現在の主要魚種はナマコのほか、町内でつくだ煮に加工されるイカナゴの稚魚コウナゴやホッケなど。片岡春雄町長は町職員出身で01年に初当選。2期目から4期連続無投票で現在5期目。1989年に全国の自治体で初めて風力発電施設を設置。

現在11基が稼働し、年間数億円規模の売電収入を得ている。町の20年度当初予算は一般会計が歳入51億8200万円。

神恵内村

積丹半島西岸にあり、人口は823人（2020年8月末）で、道内では上川管内音威子府村に次いで少ない。1平方キロあたりの人口密度は5・57人で道内平均の約10分の1。水産業が柱でサケ、ナマコ、ホタテなどが中心。20年度当初の一般会計予算は35億4600万円。役場庁舎新築費15億円を含んでおり、前年度比27％増。高橋昌幸村長は村職員出身で02年の初当選から5期連続無投票当選。北海道電力泊原発がある後志管内の泊村に隣接し、共和町、岩内町とともに北電、道と安全協定を結ぶ立地自治体。再稼働に関して事実上の同意権を持つ。電源立地地域対策交付金の対象となっている。

日本原子力研究開発機構

文部科学省と経済産業省が所管する職員数3千人を超す国内最大の原子力研究機関。略称はJAEA。動力炉・核燃料開発事業団（動燃）を改組した核燃料サイクル開発機構と、日本原子力研究所を統合し、2005年に発足した。廃炉が決まった福井県敦賀市の高速増殖原型炉もんじゅも運営する。動燃時代は核のごみの処分地探しも行った。

日本原燃

ウラン濃縮や使用済み燃料の再処理、高レベル放射性廃棄物の一時貯蔵・管理、低レベル放射性廃棄物の埋設などを手掛ける会社。電源開発大間原発（青森県大間町）などで使うプルトニウムとウランを混ぜた混合酸化物（MOX）燃料の製造工場も建設中。社員は約2500人。電力各社が出資しており、北電からも約20人が出向している。

核のごみの処分を巡る主な経緯（2020年10月まで）

2000年	5月	核のごみの地層処分を定めた特定放射性廃棄物最終処分法が成立
	10月	放射性廃棄物は「受け入れ難い」とする道条例成立
		最終処分の事業主体となる原子力発電環境整備機構（NUMO）発足
02年	12月	NUMOが処分場選定調査を受け入れる市町村の公募を開始
07年	1～4月	高知県東洋町が文献調査に応募。NUMOが受理し、経済産業相は調査を認可したが、反対派の新町長が就任して応募を撤回
11年	3月	東日本大震災。東京電力福島第1原発事故
17年	7月	国が処分に適した場所を示した地図「科学的特性マップ」を公表
20年	8月12日	後志管内寿都町の片岡春雄町長が取材に、文献調査への応募を検討していると表明
	21日	鈴木直道知事が概要調査に移行する前に国から意見を聴かれれば法的手続きに則って反対すると表明
	25日	梶山弘志経済産業相が「知事が反対した場合は概要調査に進まない」と発言
	9月3日	知事が片岡町長と会談し、慎重な対応を要請
	8日	後志管内神恵内村の商工会が文献調査への応募を求める請願を村議会に提出
	10月7日	知事が高橋昌幸村長と会談し、慎重な対応を要請
	8日	片岡町長が文献調査への応募を正式表明
		神恵内村議会が請願を採択
	9日	経済産業省が文献調査の実施を神恵内村に申し入れ。高橋村長が調査受諾を表明
	11月13日	寿都町議会が文献調査応募の是非を問う住民投票条例案を否決
	17日	梶山経済産業相が寿都町、神恵内村での文献調査計画を認可。NUMOが国内で初となる文献調査を開始
	12月15日	寿都町の住民団体が議会のリコール（解散請求）を目指すと表明
		後志管内島牧村議会が核抜き条例案を可決
	17日	寿都町議会が核抜き条例案を否決

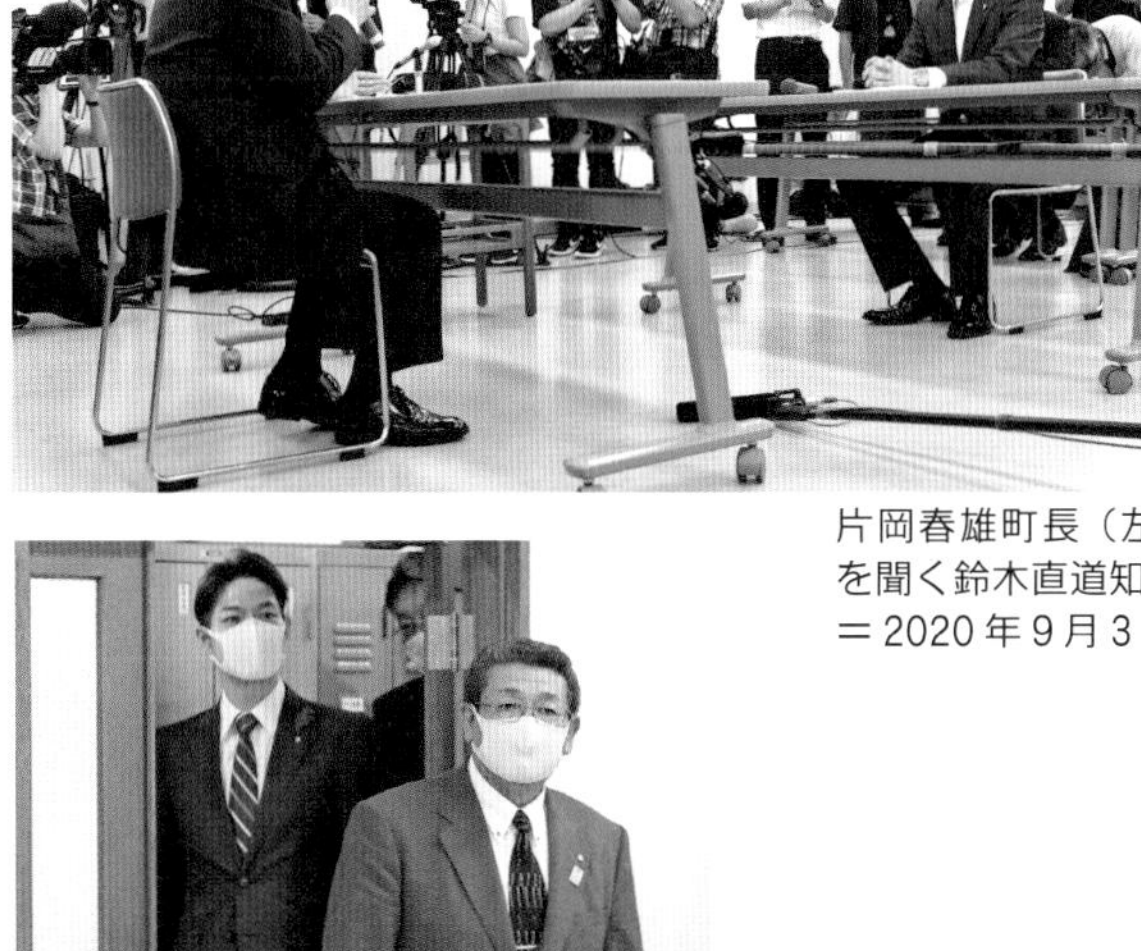

片岡春雄町長（左）の話を聞く鈴木直道知事（右）＝2020年9月3日

会談のため、神恵内村役場の部屋に入る鈴木知事（奥）と高橋昌幸村長（手前）＝2020年10月7日

【編著者紹介】

関口裕士（せきぐち・ゆうじ）

1971年大阪府生まれ。2000年北海道新聞社入社。紋別支局、室蘭報道部、東京政経部、本社報道センターを経て編集局編集委員。連載企画「原子力　負の遺産」で13年の日本ジャーナリスト会議賞、メディア・アンビシャス活字部門大賞。16年にも「原発会計を問う」で同大賞、20年には核のごみを巡る報道などで同特別賞を受けた。

北海道新聞社（ほっかいどうしんぶんしゃ）

北海道を中心に約90万部を発行するブロック紙。1887年（明治20年）、ルーツ紙の一つ「北海新聞」が札幌で創業。1942年（昭和17年）、道内11紙を統合し「北海道新聞」創刊。札幌に本社、東京・大阪を含む道内外に10支社があり、取材拠点は、道内に総支局39カ所、仙台に東北臨時支局、海外駐在はワシントン、ロンドン、ユジノサハリンスクなど7カ所ある。

＊本書は、2012年4月から21年3月1日に「北海道新聞」に掲載された記事に加筆、修正し再構成したものです。記事の末尾に掲載日を記しました。年齢、肩書きなどは原則として掲載当時のものです。

編集　仮屋志郎（北海道新聞出版センター）
ブックデザイン　佐々木正男（佐々木デザイン事務所）

朝日に照らされる東京電力福島第１原発。骨組みが見えるのは１号機＝2021年２月23日、福島第１原発の北６キロにある福島県浪江町請戸漁港から撮影

北海道新聞が伝える
核のごみ　考えるヒント

2021年5月31日　初版第1刷発行

著　者　関口裕士
編　者　北海道新聞社
発行者　菅原　淳
発行所　北海道新聞社
〒060-8711　札幌市中央区大通西3丁目6
出版センター
（編集）電話011-210-5742
（営業）電話011-210-5744

印刷・製本　株式会社アイワード

乱丁・落丁本は出版センター（営業）にご連絡くださればお取り換えいたします。

ISBN978-4-86721-029-1